抽水蓄能电站生产准备员工系列培训教材

基本技能

国网新源集团有限公司　组编

中国电力出版社
CHINA ELECTRIC POWER PRESS

内容提要

为促进抽水蓄能领域人才培养，满足当前抽水蓄能事业快速发展的需要，国网新源集团有限公司组织编写了《抽水蓄能电站生产准备员工系列培训教材》丛书，共 7 个分册，填补了同类培训教材的市场空白。

本书是《基本技能》分册，共 5 章，主要内容包括电力安全工器具、应急与救护、图纸识图与绘制、维护工器具、维护基本技能。

本书适合抽水蓄能电站生产准备员工阅读，同时也可供相关科研技术人员和高等院校师生参考使用。

图书在版编目（CIP）数据

抽水蓄能电站生产准备员工系列培训教材. 基本技能 / 国网新源集团有限公司组编.
北京：中国电力出版社，2025. 6. -- ISBN 978-7-5198-9764-2

Ⅰ. TV743

中国国家版本馆 CIP 数据核字第 202560EJ52 号

出版发行：中国电力出版社
地　　址：北京市东城区北京站西街 19 号（邮政编码 100005）
网　　址：http://www.cepp.sgcc.com.cn
责任编辑：孙建英（010-63412369）　霍　妍
责任校对：黄　蓓　王小鹏
装帧设计：张俊霞
责任印制：吴　迪

印　　刷：三河市航远印刷有限公司
版　　次：2025 年 6 月第一版
印　　次：2025 年 6 月北京第一次印刷
开　　本：787 毫米 × 1092 毫米　16 开本
印　　张：9.75
字　　数：239 千字
定　　价：60.00 元

抽水蓄能电站生产准备员工系列培训教材
基 本 技 能

编 写 人 员

（按姓氏笔画排序）

于金龙	于 辉	王方勇	王亚龙	王志祥	王洪彬
王 戬	王璐瑶	牛 炎	尹广斌	史立山	付朝霞
刘天聪	刘可欣	刘争臻	刘思琳	刘洪斌	刘笑岩
李 利	李 杰	李秉谦	李逸凡	李 童	杨铁钢
何张进	汪洪进	宋旭峰	宋湘辉	张子龙	张永会
张先觉	张宇安	张晓光	陈洪顺	武卫平	林子阳
林芳名	赵忠梅	耿沛尧	夏智翼	夏斌强	殷立新
韩 冬	曾祥广				

基本技能

序 言

　　察势者智，驭势者赢。推进中国式现代化是新时代最大政治，高质量发展是全面建设社会主义现代化国家首要任务。能源电力是以高质量发展全面推进中国式现代化战略工程、先导任务、坚实支撑。大力发展抽水蓄能，是推动能源电力行业转型发展，实现"双碳"目标，全面支撑中国式现代化重要着力点。党的二十届三中全会，对健全绿色低碳发展机制、加快规划建设新型能源体系作出重要部署。《中共中央　国务院关于加快经济社会发展全面绿色转型的意见》明确提出，科学布局抽水蓄能、新型储能、光热发电，提升电力系统安全运行、综合调节能力。国家电网有限公司站在当好新型电力系统建设主力军战略高度，出台加快推进抽水蓄能（水电）高质量发展重点措施，推动能源电力绿色低碳转型，更好支撑、服务中国式现代化。

　　作为抽水蓄能行业主力军、专业排头兵，国网新源集团有限公司以服务电网安全稳定高效运行为基本使命，坚持以国家电网有限公司战略为统领，大力推进集团化、集约化、专业化、平台化建设，增强核心功能，提高核心竞争力，努力建设成为国内领先、世界一流的绿色调节电源服务运营商，注重发展和安全、改革和稳定"两个统筹"，强化市场意识、经营意识、竞争意识、效率意识，引导规划政策、价格政策、开发管理政策，健全生产运维体系、建设管理体系、技术管理体系、经营管理体系，不断强化基层、基础、基本功，全面加强技术监督体系、同业对标体系建设，在推进抽水蓄能高质量发展中走在前作表率，为国家电网高质量发展作出积极贡献。

　　千秋基业，人才为本。生产技能人员是抽水蓄能人才队伍基础力量。近年来，国网新源集团有限公司坚持人才引领发展战略地位，大力实施电力工匠塑造工程，构建以"为人才成长助力、为业务发展赋能"为使命的"四全"人才培养体系，健全培训全要素，完善培训全流程，覆盖职业全周期，支撑集团全专业，不断提升生产技能人员培养系统性、实效性，为抽水蓄能发展提供了有力技能支撑、人才保障。

　　围绕决胜"十四五"，布局"十五五"，国网新源集团有限公司纵深推进新时代人才强企战略，拓宽人才发展通道，构建"领导职务、职员职级、科研、技能"四通道并行互通的人才发展体系，构建思想引领有力、服务发展有为、赋能增智有方、支撑保障有效的教育培训新格局，加大生产技能人员培养使用力度，更好发挥生产技能人员专业支撑、技艺革新、经验传承作用。

作为生产技能人员队伍重要组成部分，抽水蓄能电站生产准备员工核心专业知识、核心专业技能水平，事关抽水蓄能电站高质量发展，事关《抽水蓄能中长期发展规划（2021～2035年）》落地见效。为加快建设知识型、技能型、创新型抽水蓄能电站生产准备员工，更好传承核心专业知识、核心专业技能，国网新源集团有限公司组织华东天荒坪抽水蓄能有限责任公司、浙江仙居抽水蓄能有限公司、华东宜兴抽水蓄能有限公司等15家单位，150余名具有丰富教育培训、生产技能经验专家，历时3年，编写《抽水蓄能电站生产准备员工系列培训教材》。

本套教材共7个分册，全景式介绍抽水蓄能电站生产准备基本知识、基本技能，以及电站运维管理、电气一次设备运检、机械设备运检、电气二次设备运检、水工建筑物及辅机设备运检知识和技能。本套教材遵循科学性、实用性、通用性、特色性原则，创新基础理论、实操技能、典型案例的三元融合模式，努力打造抽水蓄能电站生产准备员工"工具书"，填补同类培训教材市场"空白"。

本套教材主要使用对象是抽水蓄能电站生产准备员工，以及抽水蓄能行业科研技术人员、大专院校师生。通过研读本套教材，有助于快速提升抽水蓄能电站生产准备员工核心专业知识、核心专业技能，加快补齐知识短板、夯实技能底板、锻造特色长板，为抽水蓄能行业高质量发展贡献国网新源力量，为全面推进中国式现代化作出新的更大贡献。

基本技能

前 言

在全球能源格局加速调整、绿色低碳发展成为时代主题的当下，抽水蓄能作为构建新型电力系统的关键支撑，其重要性愈发凸显。国家能源局发布的《抽水蓄能中长期发展规划（2021~2035年）》中明确指出，要加快抽水蓄能电站核准建设，到2030年，抽水蓄能投产总规模较"十四五"再翻一番，达到1.2亿kW左右。加快推进抽水蓄能事业发展，离不开一支高素质的生产准备员工队伍。

为加快抽水蓄能生产准备员工队伍建设，提高生产准备员工培训的系统性、针对性和时效性，促进抽水蓄能电站高质量发展，国网新源集团有限公司组织集团范围内具有丰富培训教学和管理经验的专家编写了本套教材。

本套教材共7个分册，全面阐述了生产准备员工应具备的基本知识、基本技能、各设备运维技能和管理技能。内容遵循科学性、实用性、通用性、特色性的原则，解读相关工作原理与工作要求，介绍相关典型案例，集理论与实践一体，体现了教育培训"工具书"的特点，做到了培训知识和培训实践有机结合。

本套教材编写工作于2022年10月启动，经过多次编审，不断完善改进，形成终稿。参与编写工作的人员来自国网新源集团有限公司、国网新源集团有限公司丰满培训中心、山东泰山抽水蓄能有限公司、华东桐柏抽水蓄能发电有限责任公司、华东天荒坪抽水蓄能有限责任公司、浙江仙居抽水蓄能有限公司、华东宜兴抽水蓄能有限公司、华东琅琊山抽水蓄能有限责任公司、安徽响水涧抽水蓄能有限公司、福建仙游抽水蓄能有限公司、河南宝泉抽水蓄能有限公司、湖南黑麋峰抽水蓄能有限公司、辽宁蒲石河抽水蓄能有限公司等15家单位，共150余人。

鉴于经验水平和编制时间有限，本套教材难免存在疏漏之处，恳请各位专家和读者提出宝贵意见，使之不断完善。

《抽水蓄能电站生产准备员工系列培训教材》编委会
2025年1月

基本技能

目 录

第一章　电力安全工器具

本章概述

为了保障生产准备人员的人身安全及电网的安全运行，生产准备人员须掌握并正确使用常用安全工器具。本章包含安全工器具概述、个体防护装备、绝缘安全工器具、安全围栏（网）和安全标志牌部分内容，基本满足生产准备人员学习需要（生产准备人员不常用或特定人群使用的安全工器具未进行介绍）。

学习目标

学习目标	
知识目标	1. 能理解安全工器具的分类。 2. 能理解个体防护装备（包括安全帽、防护眼镜、自吸过滤式防毒面具、正压式空气呼吸器、安全带）的检查、使用方式。 3. 能理解绝缘安全工器具（包括验电器、携带型短路接地线、绝缘杆、绝缘手套、绝缘靴、绝缘垫）的检查、使用注意事项。 4. 能理解安全围栏（网）和安全标志牌的作用及使用方式。
技能目标	1. 能记住个体防护装备，包括安全帽、防护眼镜、自吸过滤式防毒面具、正压式空气呼吸器、安全带等；会对各相关装备进行检查、使用及了解其使用注意事项。 2. 能记住绝缘安全工器具（包括验电器、携带型短路接地线、绝缘杆、绝缘手套、绝缘靴、绝缘垫等）的检查、使用方式及注意事项。 3. 能记住安全围栏（网）和安全标志牌的作用并能正确使用。

第一节　安全工器具概述

电力安全工器具是防止触电、灼伤、坠落、摔跌等事故，保障工作人员人身安全的各种专用工具和器具。

一、个体防护装备

个体防护装备是指保护人体避免受到急性伤害而使用的安全用具，包括安全帽、防护眼镜、正压式消防空气呼吸器、安全带、安全绳、速差自控器、导轨自锁器等。

（1）安全帽：是对人头部受坠落物及其他特定因素引起的伤害起防护作用的帽子。安全帽由帽壳、帽衬、下颏带及附件等组成。

（2）防护眼镜：保护工作人员不受电弧灼伤及防止异物落入眼内的防护用具。

（3）正压式消防空气呼吸器：是在火场救援、灭火作业及其他有害气体环境下进行呼吸保护的重要个人防护装备。

（4）安全带：是防止高处作业人员发生坠落或发生坠落后将作业人员安全悬挂的个体防护装备，一般分为围杆作业安全带、区域限制安全带和坠落悬挂安全带。

1）围杆作业安全带是通过围绕在固定构造物上的绳或带将人体绑定在固定构造物附近，使作业人员双手可以进行其他操作的安全带。

2）区域限制安全带是用于限制作业人员的活动范围，避免其到达可能发生坠落区域的安全带。

3）坠落悬挂安全带是指高处作业或登高人员发生坠落时，将作业人员安全悬挂的安全带。

（5）安全绳：安全带中连接系带与挂点的绳（带、钢丝绳等），一般分为围杆作业用安全绳、区域限制用安全绳和坠落悬挂用安全绳。

（6）连接器：是可以将两种或两种以上元件连接在一起、具有常闭活门的环状零件。

（7）速差自控器：是一种安装在挂点上、装有一种可收缩长度的绳（带、钢丝绳）、串联在安全带系带和挂点之间、在坠落发生时因速度变化引发制动作用的装置。

（8）导轨自锁器：是附着在刚性或柔性导轨上，可随使用者的移动沿导轨滑动，因坠落动作引发制动的装置。

（9）缓冲器：是串联在安全带系带和挂点之间，发生坠落时吸收部分冲击能量、降低冲击力的装置。

（10）安全网：用来防止人、物坠落，或用来避免、减轻坠落及物击伤害的网具。安全网一般由网体、边绳及系绳等构件组成。安全网可分为平网、立网和密目式安全立网。

（11）导电鞋（防静电鞋）：是指由特种性能橡胶制成，在220～500kV带电杆塔上及330～500kV带电设备区非带电作业时为防止静电感应电压所穿的鞋子。

（12）个人保安线：用于防止感应电压危害的个人用接地装置。

（13）SF$_6$气体检漏仪：是用于绝缘电气设备现场维护时，测量SF$_6$气体含量的专用仪器。

二、绝缘安全工器具

绝缘安全工器具：分为基本绝缘安全工器具、带电作业绝缘安全工器具和辅助绝缘安全工器具。

（一）基本绝缘安全工器具

基本绝缘安全工器具是指：能直接操作带电装置、接触或可能接触带电体的工器具，其中大部分为带电作业专用绝缘安全工器具。基本绝缘安全工器具包括电容型验电器、携带型短路接地线、绝缘杆、核相器、绝缘遮蔽罩、绝缘隔板、绝缘绳和绝缘夹钳等。

（二）带电作业绝缘安全工器具

带电作业安全工器具是指：在带电装置上进行作业或接近带电部分所进行的各种作业所使用的工器具，特别是工作人员身体的任何部分或采用工具、装置或仪器进入限定的带电作业区域的所有作业所使用的工器具，包括带电作业用绝缘安全帽、绝缘服装、屏蔽服装、带电作业用绝缘手套、带电作业用绝缘靴（鞋）、带电作业用绝缘垫、带电作业用绝缘毯、带电作业用绝缘硬梯、绝缘托瓶架、带电作业用绝缘绳（绳索类工具）、绝缘软梯、带电作业用绝缘滑车和带电作业用提线工具等。

（三）辅助绝缘安全工器具

辅助绝缘安全工器具是指：绝缘强度不承受设备或线路工作电压，只用于加强基本绝缘工器具的保安作用，用以防止接触电压、跨步电压、泄漏电流电弧对操作人员的伤害。不能用辅助绝缘安全工器具直接接触高压设备带电部分。辅助绝缘安全工器包括辅助型绝缘手套、辅助型绝缘靴（鞋）和辅助型绝缘胶垫。

三、安全围栏（网）和安全标志牌

安全围栏（网）包括用各种材料做成的安全围栏、安全围网和红布幔；安全标志牌包括各种安全警告牌、设备安全标志牌、锥形交通标、警示带等。

第二节 个体防护装备

个体防护装备包括安全帽、防护眼镜、自吸过滤式防毒面具、正压式空气呼吸器、安全带、安全绳、速差自控器、导轨自锁器等。

一、安全帽

（1）安全帽是对人体头部受外力伤害起防护作用的安全用具（见图1-2-1）。

（2）在变配电构架、架空线路、动力机械等设备设施的安装或检修现场，以及在可能有空中落物的工作场所，都必须戴上安全帽，以免落物打伤头部。

（3）作业人员均必须学会正确使用安全帽的方法，如果戴法和使用不正确，就不能起到充分的防护作用。对安全帽的使用和防护应注意以下几点：

1）安全帽帽衬是起缓冲作用的，帽衬松紧是由带子调节的。一般调节为：人体头顶和帽壳内顶的空间至少要有32mm才能使用。这样做，不仅在遭受冲击时帽体有足够的空间可供变形，而且这种间隔也有利于头和帽体之间的通风。

2）安全帽必须戴正，不要把安全帽歪戴在脑后，否则，会降低安全帽对于冲击的防护作用。

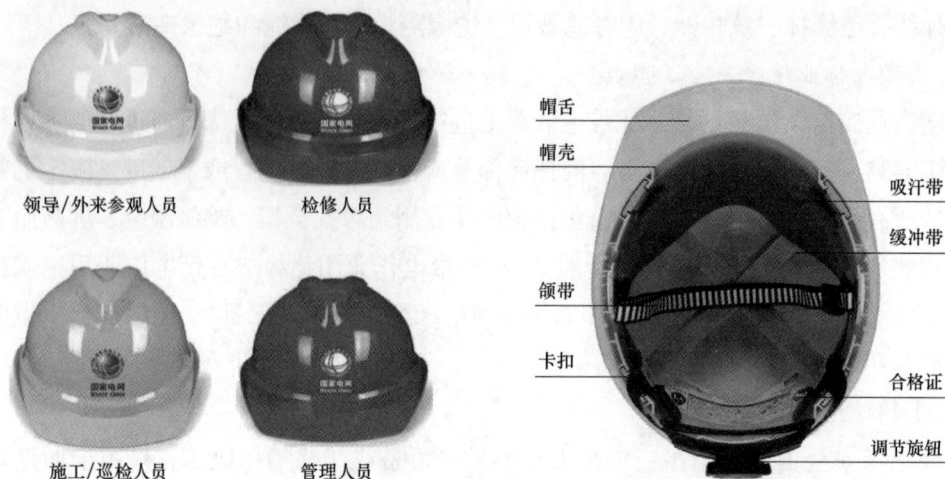

图 1-2-1　安全帽

3）使用安全帽时，要把下颌带系结实，否则就可能在物体坠落时，由于安全帽掉落而起不到防护作用。另外，如果安全帽下颌带未系牢，即使帽体与头顶之间有足够的空间，也不能充分发挥防护作用，而且当头前后摆动时，安全帽容易脱落。

4）安全帽在使用过程中，要爱护安全帽，在休息时不要坐在上边，以免使其抗压强度降低或遭损坏。

5）安全帽使用前的检查内容及注意事项如下：

a. 按照作业性质选取对应颜色的安全帽。

b. 检查安全帽合格证是否齐全，检查校验合格证是否在有效期内（使用期限为从制造之日起，塑料帽小于等于 2.5 年，玻璃钢帽小于等于 3.5 年）。

c. 检查安全帽外观无龟裂、下凹、裂痕和磨损等情况；检查安全帽内衬及下颌带是否能够起到保护作用。

6）对于使用近电报警式安全帽，还应注意以下几点：

a. 每次使用前，将灵敏开关置于"高档"或"低档"，然后按一下安全帽的自检开关，若能发出音响信号，即可使用。

b. 工作时头戴近电报警式安全帽；接近电力线路或电气设备时，至报警距离范围（每种近电报警式安全帽的开始报警距离不同，具体数据见厂家说明书），若发出了报警声音，则表明线路或设备带电，反之表明线路或设备（可能）不带电。

c. 近电报警式安全帽不能代替验电器。在装设接地线之前必须使用合格的验电器验证设备确无电压后，方可装设接地线。

d. 当发现自检报警声音降低时，表明电池已快耗尽，应及时更换电池。同时要注意安全帽的保管，不用时应将其放置于室内干燥、通风和固定位置。

二、防护眼镜

（1）防护眼镜的作用是：在操作、维护和检修电气设备或线路时，用来保护眼镜使其免受电弧灼伤及防止脏物落入眼内的安全用具。

防护眼镜应是封闭型的，镜片玻璃要能够耐热并能在一般机械力作用下不致破碎。根据防护对象的不同，防护眼镜可分为防碎屑打击、防有害物体飞溅、防烟雾灰尘及防辐射线等几种。

（2）防护眼镜被电气工作人员广泛使用，有关注意事项如下：

1）防护眼镜的选择要正确。要根据工作性质、工作场合选择相应的防护眼镜。如装、卸高压可熔保险器时，应选用防辐射防护眼镜；在向蓄电池内注入电解液时，应选防有害液体防护眼镜或防毒气封闭式无色防护眼镜。

2）防护眼镜的宽窄和大小要恰好适合使用者的要求。如果大小不合适，防护眼镜滑落到鼻尖上，结果就起不到防护作用。

3）防护眼镜要按出厂时标明的遮光编号或使用说明书使用，并保管于干净、不易碰撞的地方。

4）使用防护眼镜前应检查防护眼镜表面光滑，无气泡、杂质，以免影响工作人员的视线，镜架平滑，不可造成擦伤或有压迫感。同时，镜片与镜架衔接要牢固。

三、自吸过滤式防毒面具

在变配电所及工厂的正常工作、事故抢修与灭火工作中，难免要接触有害气体时，必须使用自吸过滤式防毒面具，以保障工作人员的人身安全。应注意，使用自吸过滤式防毒面具时一定要有人从旁监护。

过滤性自吸过滤式防毒面具，在滤毒罐内装入不同的过滤剂，它可使多种毒气分别被过滤吸收。过滤剂有一定的使用时间，一般为 30～100min。当它失去作用时，面具内便会有特殊气味，此时应更换过滤剂。

四、正压式空气呼吸器

自给正压式空气呼吸器用于保护佩戴者不吸入空气中的有毒有害物质，关系到使用人员的生命安全。在使用或修理装具之前必须对使用人员和修理人员进行充分的培训，如果没有经过充分培训而对空气呼吸器进行不恰当的使用和修理、无视说明书及在使用后对呼吸器进行恰当的检查和维护保养等，将造成人员伤害或死亡。

1. 背戴装具

背戴气瓶时需将气瓶阀向下，通过拉肩带上的自由端调节气瓶的上下位置和松紧，直到感觉舒适为止。

2. 扣紧腰带

将腰带插头插入腰带插座内，然后将腰带左右两侧的伸出端同时向后拉紧，扣紧腰带。

3. 佩戴面罩

双手将头带分开，将下巴放入下巴托；向下拉整个头带，确保带子在头顶上放平，均匀且稳定地拉紧头带，先收紧颈部两根，再收紧太阳穴处两根，最后收紧头顶上的一根；戴上防毒面罩后，用手掌封住供气口吸气，若感到无法呼吸且面罩充分贴合则说明密封良好。如果感觉不适可调节头带松紧。

4. 检查面罩密封

用手掌心捂住面罩接口处，通过吸气直到产生负压，检查面罩与脸部密封是否良好；否则再收紧头带或重新佩戴面罩。

注意：面罩的密封圈与皮肤紧密贴合是面罩密封的保证，必须保证密封面与皮肤之间无头发。

5. 安装供气阀

将供气阀上的红色旋钮置于 12 点钟的位置，确认其接口与面罩接口啮合，然后沿顺时针方向旋转 90°，当听到咔嚓声时即安装完毕。

6. 检查装具性能

使用装具前必须完全打开气瓶阀，同时观察压力表读数，气瓶压力不应小于 28MPa，通过几次深呼吸检查供气阀性能，吸气和呼气都应舒畅，无不适感觉。

7. 使用装具

正确佩戴装具经认真检查后即可投入使用。使用过程中要注意报警器发出的报警信号，听到报警信号应立即撤离现场。按平均耗气量 30L/min 计算，从发出报警声到压缩空气差不多用完，空气呼吸器可使用 5～8min。

8. 使用结束

装具使用结束后，先用手捏住下面左右两侧的颈带扣环并向前一推，同时松开颈带，然后再松开头带，将面罩从脸部由下向上脱下。

通过按下供气阀上方的橡胶罩开关，关闭供气阀。用左 / 右手拇指和食指压住腰带插扣两端的滑块，然后向前拉，松开腰带。用左 / 右手拇指和食指压住插扣中间的凹口处，轻轻用力按压将插扣分开。

两手握住拉肩带上的扣环，轻轻向上一提即放松肩带，将装具从背肩上卸下，关闭气瓶阀。

五、安全带

安全带是预防高空作业人员坠落伤亡最有效的防护用品，特别是对登杆作业的人员，只有在系好安全带后，两只手才能同时进行作业。否则工作既不方便，危险性又很大，极可能会引发高空坠落事故。

凡在离地面 2m 及以上处进行的工作，都应视为高处作业。《国家电网公司电力安全工作规程　第 3 部分：水电厂动力部分》中规定，在没有脚手架或者在没有栏杆的脚手架上工作，高度超过 1.5m 时，应使用安全带，或采取其他可靠的安全措施。

（一）类型与规格

安全带是由腰带、护腰带、围杆带、绳子和金属配件组成的。根据工作性质的不同，其结构形式也有所不同，主要有高空作业用锦纶安全带（见图 1-2-2）与电工作业用锦纶安全带两类，而后者又分围杆作业用安全带和悬挂作业用安全带（见图 1-2-3）两种。

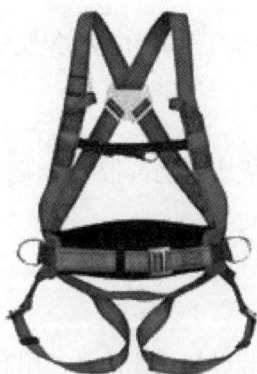

图 1-2-2　高空作业用锦纶安全带 　　　　图 1-2-3　电工作业用锦纶安全带

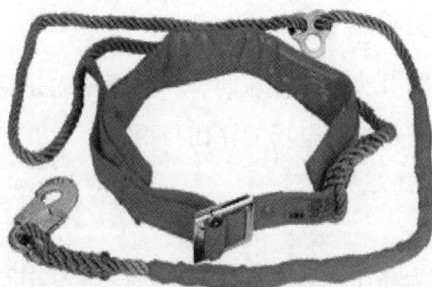

（围杆作业用安全带）　　　　　　　　　（悬挂作业用安全带）

（二）对安全带的要求

（1）安全带必须有足够的强度来承受人体摔下时的冲击力。

（2）安全带的绳子超过 3m 时，应加缓冲器或速差式自控器。缓冲器能减少人体坠落时的冲击力，吸收部分冲击能量，防止人体内脏损伤甚至造成死亡。速差式自控器是装有一定长度绳子的盒子，作业时可随意拉出绳子使用，当人体坠落时，由于速度的变化可引起自控。缓冲器和速差自控器可以串联使用。

（三）使用和维护注意事项

（1）安全带在使用前要进行全面的外观检查（使用中也应随时注意其外观），如发现破损、变质及金属配件有裂口或断裂时，应禁止使用。

（2）安全带的挂钩或绳子应挂在结实牢固的构件上，或专为挂安全带用的钢丝绳上，并不得低挂高用。禁止挂在移动或不牢固的物件上。

（3）安全带使用和存放时应避免接触 120℃ 以上高温、明火和酸类物质。避免接触锐利、坚硬物体和化学药物，以免损坏。

（4）安全带需要清洗时（指锦纶、尼龙材料），可放在低温水中，用肥皂轻轻搓洗，再用清水漂干净后晾干，不允许将其浸入热水中或在烈日下暴晒，更不能用火烤。

（5）安全带使用后要妥善保管和维护。安全带应卷成螺旋状存放在架子上或吊挂起来，但不得接触潮湿墙壁。

（6）经常检查安全带的缝制部分和挂钩部分，必须详细检查捻线是否发生断裂和磨损，要保证安全带经常处于完好状态。

（7）安全带应定期进行外观检查和静拉力试验。使用频繁的绳，要经常做外观检查，发现异常时应立即更换新绳。

第三节　绝缘安全工器具

绝缘安全工器具分为基本绝缘安全工器具、带电作业安全工器具和辅助绝缘安全工器具。

一、验电器

验电器分为高、低压两类，主要用途是检查电气设备或线路是否带有电压，高压验电器还可用于测定高频电场的存在与否。

（一）高压验电器

1. 用途

它作为高压设备、导线验电的一种专用安全器具，在装设接地线前必须用高压验电器进行验电以确认无电。

2. 结构

验电器结构如图 1-3-1 所示，高压验电器由指示、绝缘和握把三部分组成。

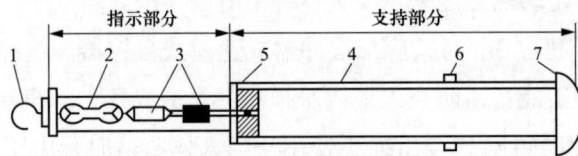

图 1-3-1　验电器结构

1—工作触头；2—氖灯；3—电容器；4—绝缘筒；5—接地螺栓；6—隔离护环；7—握柄

指示部分包括金属接触电极和指示器。绝缘部分和握把部分一般用环氧玻璃布管制成，之间装有明显的标志或装设护环，高压验电器的最小长度见表 1-3-1。

表 1-3-1　　　　　　　　　　　　　高压验电器的最小长度

电压等级（kV）	10	35	110	220	500
最小有效绝缘长度（m）	0.7	0.9	1.3	2.1	4.0
握把部分最小长度（m）	0.12	0.15	0.3	0.5	0.8

3. 使用和保管注意事项

（1）使用验电器前，应先检查验电器的工作电压与被测设备的额定电压是否相符，验电器是否超过有效试验期，绝缘部分有无污垢、损伤、裂纹。

（2）利用验电器的自检装置，检查验电器的指示器叶片是否旋转，以及声、光信号是否都正常。

（3）验电时，工作人员必须戴绝缘手套，并且必须握在绝缘棒护环以下的握手部分，不得超过护环。

（4）验电时，应将验电器的金属接触电极逐渐靠近被测设备，一旦验电器开始正常回转，且发出声、光信号，即说明该设备有电。这时，应立即将金属接触电极移开被测设备，以保证验电器的使用寿命。验电器不应受邻近带电装置的影响而发亮。所谓邻近带电装置是指距离100mm的6kV装置、距离250mm的10kV装置及距离500mm的35kV装置。

（5）验电时，若指示器的叶片不转动，也未发出声、光信号，则说明验电部位已确无电压。

（6）停电设备验电前、后，应在有电设备上先行验电（现场无相应电压等级有电设备时，可使用工频信号发生器），以确认验电器功能是否正常。

（7）在停电设备上验电时，必须在设备进出线两侧各相分别验电，以防在某些意外情况下，可能出现一侧或其中一相带电而未被发现。

（8）验电器应按电压等级统一编号。应使用与被试设备相应电压等级的验电器验电，每个电压等级的验电器现场至少要保持2支。

（9）验电器用后应装匣放入柜内，保持干燥，避免积灰和受潮，应定期进行试验。

（二）低压验电器

1. 用途

低压验电器（俗称验电笔）是检验低压电气设备或线路是否带电的专用测量工具。它由高值电阻、氖管、弹簧、金属触头和器身组成。为了工作方便，低压验电器常被做成钢笔式或螺丝刀式。

2. 使用和保管

使用低压验电器时，手握笔尾并触及笔尾金属体，工作触头与被检查的带电部分接触，如氖管发光，说明带电。氖管越亮，说明电压越高。使用低压验电器前后，应在确知带电的低电气设备或线路上试验，以证实验电器良好，验电正确。低压验电器除用于检查、判断低压电气设备或线路是否带电外，还可用于区分相线和中性线（氖光灯泡发亮的是相线，不亮的是中性线），区分交流电和直流电（两极附近都发亮的是交流电，仅一个电极附近发亮的是直流电）。应定期（每6个月1次）进行试验，试验标准为施加交流4kV耐压持续1min，且发光电压不高于额定电压的25%。

（三）工频信号发生器

（1）一般检验验电器好坏的验电信号发生器为高频电子升压式信号发生器，由于高频和工频存在很大区别，因此普通验电信号发生器不能完全确定验电器性能的好坏，即使检验时正常，验电器也可能是坏的，不能正常使用。

（2）手持工频高压验电发生器就是发生器本身自带可充电蓄电池，经过工频逆变器将直流变换成工频电，然后经升压器升压至验电器启动电压，用以检验验电器性能好坏。

（3）手持工频高压验电发生器，如果出现无高压现象，应首先检查电瓶是否老化。

注意：由于发生器内部加了限流元件，因此高压输出电流很小，对人体没有伤害。但为了安全起见，身体部分不要接触高压输出端。

二、携带型短路接地线

（一）作用

携带型短路接地线是用来防止工作地点突然来电（如错误合闸送电），消除停电设备或

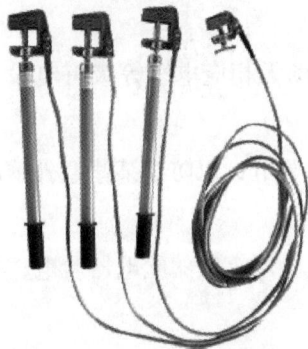

图 1-3-2 携带型短路接地线

线路可能产生的感应电压及线路的剩余电荷的重要安全用具。携带型短路接地线又称三相短路接地线（见图 1-3-2），也就是说，挂接地线时既要使三相接地，又要同时使三相短路。因为三相短路不接地或三相分别单独接地都是不可靠的。在三相短路不接地的情况下，如果发生"单相电源侵入"，如一相带电导体意外地接触了停电设备的导电部分，或者由于邻近带电设备或平行线路因电磁感应产生的感应电压，由于没有接地保护，这个电压（指对大地而言）就成为工作人员所承受的接触电压，显然这些都会造成严重的触电事故。如采用三相分别接地，当"单相电源侵入"时，在检修设备（或线路）的三相导电部分上，则不可避免地出现由于接地电流即短路电流引起的对地电压。因此携带型接地线采用三相短路共同接地，是保护工作人员免遭意外电伤害的最简便、最有效的措施。

（二）结构及规格

携带型接地线主要由导线端线夹、绝缘操作棒、多股裸软铜线和接电端线夹等部件组成。多股裸软铜线是接地线的主要部件。其中有三根短裸软铜线是为连接三相导线的短路线部分，并连接于接地线的一端，接地线的另一端连接接地装置。多股裸软铜线的截面积应根据短路电流的热稳定要求选定，不能因为产生高热而熔断，一般不应小于 25mm^2。

（三）使用与保管注意事项

（1）电气装置上需安装接地线时，应安装在导电部分的规定位置。该处不涂漆并应画上黑色标志，要保证接触良好。

（2）携带型接地线使用前检查内容及注意事项如下：

1）检查携带型接地线的检验合格证在有效期内；

2）检查软铜线应无损伤或损坏，且各处连接应牢固；

3）检查多股裸软铜线的截面积，一般选用不应小于 25mm^2。

（3）装设携带型接地线必须由两人进行。装设时应先接接地端，后接导体端。拆接地线

的顺序与此相反。装设接地线时应使用绝缘杆并戴绝缘手套。单人值班时，只允许使用接地开关，或使用绝缘棒去合接地开关。

（4）凡是可能送电至停电设备，或停电设备上有感应电压时，都应装设接地线；检修设备若分散在电气连接的几个部分时，则应分别验电并装设接地线。

（5）接地线和工作设备之间不允许连接隔离开关或熔断器，以防它们断开时设备失去接地，使检修人员发生触电。

（6）装设时严禁用缠绕的方法进行接地或短路。这是由于缠绕的接触不良，通过短路电流时容易产生过热而烧坏，同时还会产生较大的电压降作用于停电设备上。

（7）禁止用普通导线作为接地线或短路线。若用其缠绕短路，因无接地端，工作人员工作结束后常会忘记拆除该短路线，送电时将会发生三相短路，造成人身或损坏设备事故。

（8）为了保存和使用好接地线，必须加强对接地线的管理。所有接地线都应编号并存放在固定地点，放置的处所亦编号，以便对号存放。每次使用都要做好记录，交接班时也要交接清楚，以防止在较复杂的系统中进行部分停电检修时，因误拆或漏拆接地线而造成事故。

（9）接地线应定期试验。

三、绝缘杆

绝缘杆又称绝缘棒、操作杆、令克棒，主要用于合上或断开高压隔离开关、跌落式熔断器，安装和拆除携带型接地线及进行带电测量和试验等工作，要求其具有良好的绝缘性能和足够的机械强度。

（一）结构及规格

（1）绝缘棒由工作、绝缘和手柄三部分构成。绝缘棒的最小长度见表1-3-2。

（2）工作部分一般用金属制成。根据工作的需要，工作部分可做成不同的样式，其长度在满足工作需要的情况下，应尽量缩短，一般为5~8cm，避免由于过长而在操作时造成相间或接地短路。

（3）绝缘部分由环氧玻璃布管制成，其长度不包括与金属部分镶接的那一段长度，绝缘部分的长度最小尺寸，根据电压等级使用场所的不同而确定。

（4）验电时手应握在手柄处不得超过护环。

表 1-3-2　　　　　　　　　　绝 缘 棒 的 最 小 长 度

电压等级（kV）	10	35	110	220	500
最小有效绝缘长度（m）	0.7	0.9	1.3	2.1	4.0
握手部分最小长度（m）	0.3	0.6	0.9	1.1	4.0

（二）使用和保管

（1）使用前应先检查绝缘棒是否超过有效试验期，检查绝缘棒的表面是否完好，各部分的连接是否可靠。

（2）操作前要将绝缘棒表面用清洁的干布擦拭干净，务必使棒的表面干燥、清洁。

（3）操作者的手握位置不得超过护环。

（4）绝缘棒的规格必须符合被操作设备的电压等级，切不可任意取用。

（5）为防止绝缘受潮而产生较大的泄漏电流，危及操作人员的安全，在使用绝缘棒拉开隔离开关时，均应戴绝缘手套。

（6）雨天使用绝缘棒时，应在绝缘部分安装一定数量的防雨罩，以便阻断顺着绝缘棒流下的雨水，使其不致形成连续的水流柱，从而大大降低湿闪电压。同时可保持一定的干燥表面，保证湿闪电压合格。另外，雨天使用绝缘棒操作室外高压设备时，还应穿绝缘靴。

（7）当接地网接地电阻不符合要求时，工作人员晴天操作也应穿绝缘靴，以防止接触电压、跨步电压的伤害。

（8）绝缘棒应统一编号并存放在特制的木架上，为防止其弯曲，最好是垂直地悬挂在专用的挂架上。

（9）应定期对绝缘棒进行试验。

四、核相器

（一）作用

核相器用于额定电压相同的两个电力系统的相位、相序校验，以便使两个系统具备并列运行的条件。它由长度与内部结构基本相同的两根测量杆、配以带切换开关的检流计组成。测量杆用环氧玻璃布管制成，分为工作、绝缘和握柄三部分，其有效绝缘长度与绝缘操作杆相同。握柄与绝缘部分交接处应有明显标志或装设护环。

（二）使用与保管注意事项

（1）使用核相器前，应先检查核相器的工作电压与被测设备的额定电压是否相符，是否超过试验有效期。

（2）使用核相器前，还应检查核相器的测量杆是否完好，绝缘是否合格。

（3）使用核相器时，应戴好绝缘手套。

（4）户外使用核相器时，须在天气良好时进行。

（5）核相器应存放在干燥的柜内。

（6）应定期进行试验。

五、绝缘罩

（一）作用

工作人员与带电部分之间的安全距离达不到要求时，为了防止工作人员触电，可将绝缘罩放置在带电体上。绝缘罩一般用环氧树脂玻璃丝布板制成。

（二）使用及保管

（1）使用绝缘罩前，应检查绝缘罩是否完好，是否超过有效试验期。使用前应先将绝缘罩的表面擦净。

（2）放置绝缘罩时，应使用绝缘棒，戴上绝缘手套，而且放置牢靠。

（3）绝缘罩应统一编号，存放在室内干燥的工具架上或柜内。

（4）绝缘罩应定期进行试验。

六、绝缘隔板

（一）作用

（1）当停电检修设备时，如果邻近有带电设备，应在两者之间放置绝缘隔板，以防止检修人员接近带电设备。

（2）在母线带电时，若分路断路器停电检修，在该开关的母线侧隔离开关闸口之间放置绝缘隔板，以防止刀刃由于机械故障或自重而自由下落，导致向停电检修部分误送电。

（3）在断开的6～10kV隔离开关的动、静触头之间放置绝缘隔板，以防止检修设备突然来电。

绝缘隔板的安装使用有两种，一种是和带电设备直接接触（如闸刀动、静触头间），在放绝缘隔板时，应使带电体到绝缘隔板边缘距离不小于20cm。在工作中，工作人员不得和绝缘板接触。这种只限于35kV及以下方可使用。另一种是和带电导体保持一定的安全距离（10kV及以下最小有效距离为0.70m，10～35kV最小有效距离为0.90m），此时绝缘隔板的大小应根据带电体的外围尺寸和工作人员的活动范围而定，以保证工作人员在工作中不会造成对带电体靠近的危险。

（二）使用及保管

（1）用绝缘隔板前，应检查绝缘隔板是否完好，是否超过有效试验期。使用前应先擦净绝缘隔板的表面。

（2）放置绝缘隔板时，应戴好绝缘手套。

（3）在隔板开关动、静触头放置绝缘隔板时，应使用绝缘棒，且要放置牢靠。

（4）绝缘隔板应使用尼龙挂线悬挂，不能使用胶质线，以免造成接地或短路。

（5）绝缘隔板应统一编号，存放在室内干燥的工具架上或柜内。

（6）应定期对绝缘隔板进行试验。

七、绝缘夹钳

（一）用途

绝缘夹钳主要在35kV及以下电气设备上带电装拆熔断器等工作时使用。

（二）结构

绝缘夹钳由工作钳口、绝缘和钳把三部分构成，各部分所用材料与绝缘棒相同。

绝缘夹钳的钳口要保证夹紧熔断器，绝缘夹钳的最小长度见表 1-3-3 的数值。

表 1-3-3 绝缘夹钳的最小长度

电压等级（kV）	户内设备用		户外设备用	
	绝缘部分（m）	握手部分（m）	绝缘部分（m）	握手部分（m）
10	0.45	0.15	0.75	0.20
35	0.75	0.20	1.20	0.20

（三）使用和保管注意事项

（1）使用前，应测试绝缘夹钳的绝缘电阻。

（2）使用时，绝缘夹钳上不允许装接地线，以免在操作时由于接地线在空中晃动而造成接地短路和触电事故。

（3）作业人员工作时，应戴好护目眼镜和绝缘手套，穿绝缘靴或站在绝缘台（垫）上，手握绝缘夹钳时要精力集中并保持平衡。

（4）在室外操作时，应使用带有防雨罩的绝缘夹钳。

（5）绝缘夹钳应放置在室内干燥、通风的工具架上，以防受潮和磨损。

（6）应定期对绝缘夹钳进行试验。

八、绝缘手套

（一）作用

绝缘手套是工作人员在高压电气设备上操作时使用的辅助安全用具，但在低压带电设备或线路上工作时又可作为基本安全用具。操作高压隔离开关、高压跌落式熔断器，以及装、拆接地线时均应戴绝缘手套。绝缘手套由特种橡胶制成。

绝缘手套一般分 12kV 和 5kV 两种（这都是以试验电压命名的；其长度一般不应小于 30～40cm，戴上后至少应超出手腕 10cm）。

（二）使用与保管

（1）使用绝缘杆时，戴上绝缘手套可提高绝缘性能，防止泄漏电流对人体的伤害。

（2）使用绝缘手套前，应检查是否超过有效试验期。

（3）使用前应先进行外部检查，查看橡胶是否完好，查看表面有无损伤、磨损或破漏、划痕等。如有胶破损或漏气现象，应禁止使用。检查的具体方法是：将手套朝手指方向卷曲，当卷到一定程度时，内部空气因空间减少而压力增大，手指若鼓起，为不漏气，即为良好。

（4）使用绝缘手套时，应将外衣袖口放入手套的伸长部分里。

（5）因为对绝缘手套有电气要求，所以不能用医疗或化学用的手套代替绝缘手套，同时也不应将绝缘手套用作其他用途。

（6）绝缘手套使用后应擦净、晾干，最好撒上一些滑石粉，以免黏连。

（7）绝缘手套应统一编号，现场使用的绝缘手套最少应保持两副。

（8）绝缘手套应存放在干燥、阴凉的地方，存放在专用的柜内，与其他工具分开放置。绝缘手套上不得堆压任何物件，以免刺破手套。

（9）绝缘手套不允许放在过冷、过热、阳光直射和有酸、碱、药品的地方，以防胶质老化，降低绝缘性能。

（10）应对绝缘手套定期进行试验。

九、绝缘靴（鞋）

绝缘靴（鞋）由特种橡胶制成。

（一）作用

绝缘靴（鞋）的作用是使人体与地面绝缘。绝缘靴作为工作人员在进行高压操作时与地绝缘的辅助安全用具，也可作为防止跨步电压的基本安全用具；绝缘鞋则仅能在低电压场合下使用。绝缘靴（鞋）是由特种橡胶制成的。绝缘靴通常不上漆，它与涂有光泽黑漆的橡胶雨靴在外观上有所不同。

（二）使用及保管

（1）使用绝缘靴前，应检查绝缘靴是否完好，是否超过有效试验期。

（2）绝缘靴应统一编号，现场使用的绝缘靴最少应有两双。

（3）绝缘靴（鞋）不得当作雨鞋或另作他用，其他非绝缘靴（如医疗、化学上使用的）也不能代替绝缘靴使用。

（4）绝缘靴（鞋）若试验不合格，则不能再穿用。

（5）绝缘靴（鞋）在每次使用前应进行外部检查，查看表面有无损伤、磨损或破漏、划痕等，如有砂眼漏气，应禁止使用。

（6）绝缘靴（鞋）应存放在干燥、阴凉的地方，并存放在专用的柜内，要与其他工具分开放置，其上不得堆压任何物件。

（7）绝缘靴（鞋）不允许放在过冷、过热、阳光直射和有酸、碱、药品的地方，以防胶质老化，降低绝缘性能。

（8）绝缘靴（鞋）应定期进行试验，在一般工作条件下使用年限为6个月，到达使用期限后应进行检测，如发现损坏或检测不合格不得再使用。

十、绝缘垫

（一）作用

绝缘垫一般铺在配电室等地面上及控制屏、保护屏和发电机、调相机的励磁机的两侧，其作用与绝缘靴基本相同。当进行带电操作开关时，可增强操作人员的对地绝缘，避免或减轻发生单相接地或电气设备绝缘损坏时接触电压与跨步电压对人体的伤害。在 1kV 以下低压配电室地面上铺绝缘垫，可作为基本安全用具起到绝缘作用（万一接触带电部位时也不致发生重大伤害）；而在 1kV 以上时，仅作为辅助安全用具。

（二）使用与保管

（1）在使用过程中，应保持绝缘垫干燥、清洁，注意防止与酸、碱及各种油类物质接触，以免受腐蚀后老化、龟裂或变黏，从而降低其绝缘性能。

（2）绝缘垫应避免阳光照射或锐利金属划刺，存放时应避免与热源（暖气等）距离太近，以防加剧老化变质，从而使绝缘性能下降。

（3）使用过程中要经常检查绝缘垫有无裂纹、划痕等，发现有问题时立即禁用，并及时更换新垫。

（4）绝缘垫应每半年用低温肥皂液清洗一次。

（5）应每年对绝缘垫进行一次试验。

第四节　安全围栏（网）和安全标志牌

一、安全围栏（网）

安全围栏（网）包括用各种材料做成的安全围栏、安全围网和红布幔。在工作地点邻近带电设备处和工作地点周围安装临时遮栏，这是保证安全的技术措施之一。

（一）安全围栏

1. 固定防护遮栏（网）

（1）固定防护遮栏适用于落地安装的高压设备周围及生产现场平台、人行通道、升降口、大小坑洞、楼梯等有坠落危险的场所。

（2）用于设备周围的遮栏高度不低于 1700mm，配置供工作人员出入的门并上锁。

（3）固定遮栏上应悬挂安全标志，位置根据实际情况而定。

（4）固定遮栏及防护栏杆、斜梯应符合 GB 4053.2《固定式钢梯及平台安全要求　第 2 部分：钢斜梯》、GB 4053.3《固定式钢梯及平台安全要求　第 3 部分：工业防护栏杆及钢平台》的规定，其强度和间隙满足防护要求。

（5）检修期间需将栏杆拆除时，应装设临时防护遮栏，并在检修工作结束后将栏杆立即恢复。

2. 临时防护遮栏

（1）临时防护遮栏（围栏）适用于下列场所：落地安装的高压设备周围及生产现场平台、人行通道、升降口、大小坑洞、楼梯等有坠落危险的场所；因检修拆除固定防护遮栏（栏杆）的场所；需临时打开的平台、地沟、孔洞盖板周围等。

（2）临时防护遮栏（围栏）应采用满足安全、防护要求的材料制作。有绝缘要求的临时遮栏应采用干燥木材、橡胶或其他坚韧绝缘材料制成。

（3）临时防护遮栏（围栏）高度为1050～1200mm，防坠落防护遮栏应在下部装设不低于180mm的挡脚板。

（4）临时防护遮栏（围栏）强度和间隙应满足防护要求，装设应牢固可靠。

（5）临时防护遮栏（围栏）应悬挂安全标志。

（6）临时防护遮栏（围栏）也可用作临时提示遮栏使用。

3. 临时提示遮栏

（1）临时提示遮栏（围栏）适用于下列场所：有可能高处落物的场所；检修、试验工作现场与运行设备的隔离；检修、试验工作现场规范工作人员活动范围；检修现场安全通道；检修现场临时起吊场地；防止其他人员靠近的高压试验场所；事故现场保护。

（2）临时提示遮栏（围栏）应采用满足安全、防护要求的材料，有绝缘要求的临时提示遮栏应采用干燥木材、橡胶或其他坚韧绝缘材料制成。

（3）临时提示遮栏（围栏）高度为1050～1200mm。

（4）临时提示遮栏（围栏）应悬挂安全标志。

（5）为防滑和保护地面，临时提示遮栏应采用合适的底座。

（6）临时提示遮栏（围栏）不能用于防护使用。

4. 区域隔离遮栏

（1）区域隔离遮栏适用于设备区与生活区的隔离、设备区间的隔离、改（扩）建施工现场与运行区域的隔离，也可装设在人员活动密集场所周围。

（2）区域隔离遮栏应采用不锈钢或塑钢等材料制作，高度不低于1050mm，其强度和间隙满足防护要求。

5. 遮栏的使用和维护

（1）临时遮栏的安装距离应符合安全规定。部分停电的工作，安全距离小于规定距离内的未停电设备应装设临时遮栏。临时遮栏与带电部分的距离也不得小于规定值，以确保工作人员在工作中始终能保持对带电部分有一定的安全距离。

（2）室外临时围栏应采用封闭或网状遮栏，并具有独立支柱，不得利用设备的构架作为围网支柱。围网应设置出入口，向内悬挂"止步，高压危险！"安全标志牌。

（3）临时遮栏不得随便移动或拆除。工作人员如因工作需要必须变动时，应征得工作许可人的同意。设备检修完毕后，应将遮栏存入在室内固定地点。

（二）安全围网

（1）安全围网是电力施工和各种带电施工场所的必备作业保护器材，主要用于发电厂、变电站的电气设备检修、电气试验、配电检修等。

（2）使用与保管。

1）使用前应检查安全围网是否有腐蚀及损坏情况。搭设的安全围网，不得在施工期间拆移、损坏，必须待到无高处作业时方可将其拆除。

2）安全围网在不使用时，必须被妥善存放、保管。还应防止其受潮发霉。

（三）红布幔

红布幔又名红布帘，其颜色鲜艳，起警示作用。

使用与保管相关内容如下：

（1）红布幔适用于二次系统工作时，将检修设备与运行设备前后以明显的标志隔开。

（2）红布幔尺寸一般为 2400mm×800mm、1200×800mm、650mm×120mm，也可根据现场实际情况制作。

（3）红布幔上印有"运行设备"字样，白色黑体字，布幔上下或左右两端设有绝缘隔离的磁铁或挂钩。

二、安全标志牌

（一）安全标志牌的作用

正确悬挂安全标志牌，禁止人们不安全行为，或者提醒人们对周围环境引起注意，以避免可能发生危险，或者强制人们必须做出某种动作或采用防范措施，或者向人们提供某种信息（如标明安全设施或场所等）。如警告作业人员不得接近设备的带电部分，提醒作业人员在工作地点应采取相应的安全措施，指明应检修的工作地点，警示值班人员禁止向某设备合闸送电等。因此悬挂安全标志牌是保障电气工作人员安全的重要技术措施之一。

（二）安全标志牌的制作及分类

安全标志牌（见图1-4-1）应采用坚固耐用的材料制作，不应使用遇水变形、变质或易燃的材料。有触电危险或易造成短路的设备及作业场所悬挂的标志牌应使用绝缘材料制作。安全标志牌由安全色、几何图形、图形符号和文字等构成，用以表达特定的安全信息。水电厂设置的安全标志包括禁止标志、警告标志、指令标志、提示标志四种基本类型和交通标志、消防标志、应急安全标志、文字说明标志等特定类型。警告类如"止步，高压危险！"；允许类如"在此工作！""由此上下！"；提示类如"已接地！"；禁止类如"禁止合闸，有人工作！""禁止合闸，线路有人工作！""禁止攀登，高压危险！"。

（三）使用与维护

在有的场合，安全标志牌和临时遮栏要配合使用。使用时应注意以下几点：

（1）在一经合闸即可送电到工作地点的断路器和隔离开关的操作把手上，均应悬挂"禁止合闸，有人工作"的安全标志牌，对同时能进行远方和就地操作的隔离开关，还应在开关就地操作把手上悬挂安全标志牌。

（2）当线路有人工作时，则应在线路断路器和隔离开关的操作把手上悬挂"禁止合闸，线路有人工作"的安全标志牌，以提醒值班人员，切不可对有人工作的线路合闸送电。

图 1-4-1 安全标志牌

（3）在室内高压设备上工作时，应在工作地点的两旁间隔和对面间隔的遮栏上悬挂"止步，高压危险"的安全标志牌，以防止检修人员误入带电间隔。在进行电气试验时，应在禁止通行的过道上设围栏或临时遮栏，并向外悬挂"止步，高压危险"的安全标志牌，以警戒他人不许入内。

（4）同一排列的两组母线（工作与备用母线或分支母线），当一组母线检修时，应在两组母线分界处的检修侧设临时遮栏，并悬"止步，高压危险"的安全标志牌，以防误触带电母线。

（5）室外设备检修时，应在临时围栏四周并向内悬挂适量数量的"止步，高压危险！"安全标志牌。

（6）在检修工作地点悬挂"在此工作"安全标志牌，若一张工作票上的工作有几个工作地点，均应悬挂"在此工作"安全标志牌，且应悬挂在检修间隔的遮栏上。隔离开关检修时，"在此工作"牌应悬挂在隔离开关把手或隔离开关的支架上。检修的隔离开关则不挂"禁止合闸，有人工作"安全标志牌。

（7）在室外架构上工作，工作地点邻近带电部分的横梁上悬挂"止步，高压危险！"安全标志牌。在工作人员上下的架构梯子上要挂"由此上下！"安全标志牌。

（8）安全标志牌要布置正确，不得任意移动和拆除。

（9）安全标志牌用完以后，应妥善并分类保管在专用地点，如有损坏或数量不足，应及时更换或补充。

（10）安全标志牌不宜设在可移动的物体上，以免标志牌随母体物体相应移动，影响阅读。标志牌前不得放置妨碍认读的障碍物。

（11）多个标志在一起设置时，应按照警告、禁止、指令、提示类型的顺序，先左后右，先上后下排列，应避免出现互相矛盾、重复的现象。也可根据实际，使用多种标志。

（12）安全标志牌的固定方式分附着式、悬挂式和柱式。附着式和悬挂式的固定应稳固、不倾斜，柱式的标志牌和支架应连接牢固。临时标志牌应采取防止脱落、移位措施。

（13）安全标志牌应设置在明亮的环境中。

（14）安全标志牌设置的高度尽量与人眼的视线高度保持一致，悬挂式和柱式的环境信息标志牌的下缘距地面的高度不宜小于2m，局部信息标志的设置高度应视具体情况确定。

（15）安全标志牌的平面与视线夹角应接近90°，观察者位于最大观察距离时，最小夹角不低于75°。

（16）安全标志牌应定期检查，如发现破损、变形、褪色等不符合要求时，应及时修整或更换。修整或更换时，应有临时的标志牌替换，以避免发生意外伤害。

（17）变电站入口，应根据站内通道、设备、电压等级等具体情况，在醒目的位置按规范设置相应的安全标志牌。如"当心触电""未经许可，不得入内""禁止吸烟""必须戴安全帽"等，并应设立限速的标志（装置）。

（四）电气设备安全标志的作用

（1）接地端标志。接地端标志见图1-4-2。

图 1-4-2 接地端标志

（2）相位标志一般存在于正式的电气线路接线中，我们可将线的颜色在相关规定中规定，母线的相序颜色涂色是：A相为黄色，B相为绿色，C相为红色。电力线路中A相、B相、C相都是人为规定的，在相量中互相差120°相位角。直流母线颜色涂色是：正极为褐色，负极为蓝色。

思 考 题

1. 什么是个体防护装备？包括哪几种？

2. 绝缘安全工器具分为哪几种？

3. 安全围栏（网）包括哪几种？

4. 对安全帽的使用和防护应注意哪几点？

5. 简述正压式空气呼吸器的使用方法。

6. 高压验电器的用途是什么？

7. 携带型短路接地线是什么？

8. 遮栏的使用和维护有哪些规定？

9. 红布幔在使用和保管中有哪些规定？

10. "禁止合闸，有人工作"的安全标志牌应悬挂在哪里？

11. 绝缘手套、绝缘靴、验电器的使用前检查内容及注意事项有哪些？

第二章　应急与救护

本章概述

本章的主要内容是为了保障生产准备人员的人身安全及电网的安全运行，必须学会电力应急及救护的相关内容。

电力应急的含义是指针对在电力生产或电网运行过程中发生的，影响电力正常供应或造成人员伤亡的突发事件进行的紧急抢修或救援。

应急救护（紧急救治）是指当有任何意外或急病发生时，施救者在医护人员到达前，按医学护理的原则，利用现场适用物资临时及适当地为伤病者进行的初步救援及护理并且从速送院。

学习目标

学习目标	
知识目标	1. 能理解火灾扑救和消防用具的使用方法。 2. 能理解紧急救护法的基本原则和处理方法。 3. 能理解灭火器的种类和性能。
技能目标	1. 能记住火灾扑救的原则和基本方法。 2. 能记住各类灭火器的使用原则、方法及保养。 3. 能记住紧急救护法的原则和正确的救护方法。

第一节　消　防　用　具

一、各类灭火器的使用与保养

（一）泡沫灭火器

（1）泡沫灭火器内装有通过机械方法或化学反应产生泡沫的灭火剂，适用于扑灭一般固体和可燃液体火灾，不适用于气体火灾、电气火灾、金属火灾。泡沫灭火器分为机械泡沫灭火器（又称水基型灭火器）和化学泡沫灭火器两种，目前传统的化学泡沫灭火器已被淘汰。机械泡沫是通过机械的方法将空气或惰性气体导入泡沫溶液中而形成的，化学泡沫指一种碱性盐溶液和一种酸性盐溶液混合后发生化学反应产生包含二氧化碳气体的稳定泡沫。不加防冻剂时泡沫灭火器使用温度范围为 5～55℃，添加防冻剂时使用温度范围为 −10～55℃。

（2）水基型灭火器的灭火剂分为水成膜泡沫灭火剂和清水（或带添加剂的水）两种，泡沫灭火剂具有发泡倍数和 25% 析液时间要求，能够在液体燃料表面形成一层抑制可燃液体蒸发的水膜，并加速泡沫的流动，具有操作方便、灭火效率高、灭火迅速、使用时无须倒置、有效期长、抗复燃、双重灭火、无毒、无污染等优点。

（3）手提式化学泡沫灭火器主要由筒体、瓶胆、筒盖、提环、喷嘴等组成，只能立着放置。筒体内装有碳酸氢钠与发泡剂的碱性混合溶液，瓶胆内装硫酸铝酸性水溶液，瓶胆用瓶盖盖上，以防酸性溶液蒸发或因震荡溅出而与碱性溶液混合。使用手提式化学泡沫灭火器时，应平稳地将灭火器提到距离起火点 10m 左右；把灭火器颠倒过来，一手握提环，另一只手扶住筒体的底圈；将喷嘴对准燃烧物，酸性与碱性两种溶液混合后发生化学作用，产生二氧化碳气体泡沫由喷嘴喷出，覆盖在燃烧物品上，使可燃物与空气隔绝并降低温度，达到灭火目的。

（4）使用推车式泡沫灭火器一般由两人操作，先将灭火器迅速推拉到燃烧处，在距离着火点 10m 左右处停下；由一人展开喷射软管呈工作状态，双手紧握喷枪并对准燃烧处；另一人逆时针方向转动手轮将螺杆升到最高位置使瓶盖开足；然后将筒体向后倾倒使拉杆触地并将阀门手柄旋转 90°，即可喷射泡沫进行灭火。若阀门装在喷枪处，则由负责操作喷枪者打开阀门。由于推车式泡沫灭火器喷射距离远，连续喷射时间长，适用于扑救较大规模的油罐或油浸式变压器火灾。

（5）在扑救可燃液体火灾时，如已呈流淌状燃烧，使用者应站在上风方向，将泡沫由近而远喷射，使泡沫完全覆盖在燃烧液面上。如在容器内燃烧，应将泡沫射向容器的内壁，使泡沫沿着内壁流淌，逐步覆盖着火液面，切忌直接对准液面喷射，避免由于射流的冲击破坏泡沫，反而将燃烧的液体冲散或冲出容器，扩大燃烧范围。在扑救固体物质火灾时，应将射流对准燃烧最猛烈处。灭火时，随着有效喷射距离的缩短，使用者应逐渐向燃烧区靠近，并始终将泡沫喷射在燃烧物上，直至扑灭。使用泡沫灭火的同时，不要用水流，因为水流会破坏泡沫，但允许使用水冷却容器外部。

（6）在运送化学泡沫灭火器或提着泡沫灭火器奔赴火场的过程中，应注意不得使灭火器过分倾斜、摇晃，更不可横拿或颠倒，以免两种药剂混合而提前喷射。在使用过程中，化学泡沫灭火器应始终保持倒置状态，不能横置或直立过来，保持压把始终处于压紧状态，否则会中断喷射。使用时严禁将筒盖、筒底对着人体，以防灭火器爆炸伤人。

（7）泡沫灭火器应存放在干燥、阴凉、通风并取用方便之处，不得受到雨淋、烈日暴晒、接近火源或受剧烈振动，冬季应采取保温措施，运输时应避免碰撞。

灭火器一经使用或灭火剂不足（减少了额定充装质量的 10%）时应立即再充装。

普通手提式泡沫灭火器见图 2-1-1，推车式泡沫灭火器见图 2-1-2。

图 2-1-1　普通手提式泡沫灭火器　　　　图 2-1-2　推车式泡沫灭火器

（二）二氧化碳灭火器

（1）二氧化碳灭火器（见图 2-1-3）适用于扑灭可燃液体火灾、可燃气体火灾、600V 以下的带电 B 类火灾，以及仪器仪表、图书档案等要求不留残迹、不污损被保护物的场所，不适用于固体火灾、金属火灾和自身含有供氧源的化合物火灾，若扑灭 600V 以上的电气火灾时，应先切断电源。二氧化碳灭火器的使用温度范围为 −10～55℃。

图 2-1-3　二氧化碳灭火器

（2）二氧化碳灭火剂是一种最常见的灭火剂，价格低廉，获取、制备容易，加压液化后的二氧化碳充装在灭火器钢瓶中，20℃时钢瓶内的压力为 6MPa，灭火时液态二氧化碳从灭火器喷出后迅速蒸发，变成固体状干冰，其温度为 −78℃，固体干冰在燃烧物体上迅速挥发成二氧化碳气体，依靠窒息作用和部分冷却作用灭火，无残留痕迹，不污染环境，不导电。二氧化碳具有较高的密度，约为空气的 1.5 倍。在常压下，液态的二氧化碳会立即汽化，一般 1kg 的液态二氧化碳可产生约 $0.5m^3$ 的气体。因而，灭火时，二氧化碳气体可以排除空气而包围在燃烧物体的表面或分布于较密闭的空间中，降低可燃物周围或防护空间内的氧浓度而灭火。另外，二氧化碳从储存容器中喷出时，会由液体迅速汽化成气体，而从周围吸引部分热量，起到冷却的作用。

（3）手提式二氧化碳灭火器按其开启的机械型式，可分为手轮式和鸭嘴式两种。手轮式二氧化碳灭火器主要由喷筒、手轮式启闭阀和筒体组成，鸭嘴式二氧化碳灭火器由提把、压把、启闭阀、筒体和喷管等组成，灭火器筒体材料应采用无时效性的铬钼无缝镇静钢。使用时，应先将灭火器提到距离起火点 5m 左右，放下灭火器，拔出保险销，一手握住喇叭型喷筒根部的手柄，把喷筒对准火焰，另一只手逆时针旋开手轮或压下启闭阀的压把，喷射气化二氧化碳灭火。对没有喷射软管的二氧化碳灭火器，应把喇叭筒往上扳 70º～90º。

（4）推车式二氧化碳灭火器由钢瓶、阀门、喷射系统、推车行走系统等组成，一般由两人操作，使用时两人一起将灭火器快速推拉到燃烧处，在距离着火点 10m 左右停下，一人取下喇叭筒并展开喷射软管后，握住喇叭筒根部的手柄，另一人拔出阀体保险销，按逆时针方向旋动手轮，将阀门开到最大位置便喷出钢瓶内的高压液态二氧化碳灭火剂，将火扑灭。

（5）当可燃液体呈流淌状燃烧时，使用者应将二氧化碳灭火剂的喷流由近而远向火焰喷射，如果燃烧面较大，使用者可左右摆动喷筒，直至把火扑灭。如果可燃液体在容器内燃烧，使用者应将喇叭筒提起，从容器的一侧上部向燃烧的容器中喷射，但不能将二氧化碳喷流直接冲击可燃液面，以防将可燃液体冲出容器而扩大燃烧范围，造成灭火困难。

（6）使用时应注意灭火器保持直立状态，切勿横卧或倒置使用，不能直接用手抓住喇叭筒外壁或金属连接管，也不要把喷筒对着人，防止被冻伤。室外使用二氧化碳灭火器时，应选择上风方向喷射，且不宜在室外大风时使用。在室内狭小的密闭房间使用时，灭火后使用者应迅速离开，以防窒息，扑救室内火灾后，应先打开门窗通风，然后人再进入，以防窒息。

（7）二氧化碳灭火器应存放在干燥、阴凉、通风并取用方便之处，存放地点的温度不得超过42℃，不得受到雨淋、烈日暴晒、接近火源或受剧烈振动，冬季应采取保温措施，运输时应避免碰撞。二氧化碳灭火器应由专业单位负责保养、维修，每季度应定期检查：保险装置是否完好，压力值是否符合要求，瓶头阀、喷筒、喷射软管等有无损坏，筒体是否锈蚀或泄漏。灭火器一经使用或灭火剂不足（减少了额定充装质量的10%）时应立即再充装。

（三）干粉灭火器

（1）干粉灭火器（见图2-1-4）内装干燥的、易于流动的微细固体粉末，由具有灭火效能的无机盐基料和防潮剂、流动促进剂、结块防止剂等添加剂组成，利用高压二氧化碳气体

图2-1-4　干粉灭火器

或氮气气体作为动力，将干粉喷出后以粉雾的形式灭火。其中BC型干粉灭火器主要内充碳酸氢钠或同类基料的干粉灭火剂，适用于扑灭可燃液体、可燃气体和带电的B类火灾，不适用于可燃固体火灾、金属和自身含有供氧源的化合物火灾。ABC型干粉灭火器主要内充磷酸铵盐基料的干粉灭火剂，适用于扑灭可燃固体火灾、可燃液体火灾、可燃气体火灾、电气火灾，不适用于金属和自身含有供氧源的化合物火灾，电气火灾和旋转电机火灾需要先切断电源。二氧化碳气体驱动的干粉灭火器使用温度范围为 -10～55℃，氮气驱动时的使用温度范围为 -20～55℃。

（2）干粉灭火剂的灭火机理一是靠干粉中无机盐的挥发性分解物，在喷射时与燃烧过程中燃料所产生的自由基或活性基团发生化学抑制和副催化作用，使燃烧的链反应中断而灭火；二是靠干粉的粉末落在可燃物表面外，将可燃物覆盖后，发生化学反应，并在高温作用下形成一层玻璃状覆盖层，从而隔绝氧气，进而窒息灭火。另外，干粉灭火剂还起到稀释氧和冷却的作用。

（3）干粉灭火器具有灭火种类多、效率高、灭火迅速等特点，同样火灾危险场所配置

的灭火器数量少、重量轻，便于人员操作。内装的干粉灭火剂具有电绝缘性好，不易受潮变质，便于保管等优点，使用的驱动气体无毒、无味，喷射后对人体无伤害。特别是磷酸铵盐ABC型灭火器属通用型灭火器，在电厂中运用最广泛，但对精密仪器或设备存在残留污染。

（4）手提式干粉灭火器主要由盛装干粉的粉桶、贮存驱动气体的钢瓶、装有进气管和出粉管的器头、输送粉末的喷管和开启机构等组成，常温下工作压力为1.5MPa。使用时，应先将灭火器提到距离起火点5m左右，放下灭火器，如在室外，应选择在上风方向喷射。使用前可将灭火器颠倒晃动几次，使筒内干粉松动，然后拔下保险销，一手握住喷射软管前端喷嘴根部，另一只手用力按下压把或提起储气瓶上的开启提环，喷出干粉灭火。有喷射软管的灭火器或储压式灭火器在使用时，一手应始终压下压把，不能放开，否则会中断喷射。

（5）推车式干粉灭火器主要由筒体、器头总成、喷管总成、车架总成等部分组成。使用时把灭火器拉或推到燃烧处，在距离着火点10m左右停下；将灭火器后部向着火源停靠好使其在不使用时倒下，在室外置于上风方向，先取下喷粉枪，展开缠绕在推车上的喷粉胶管应令出粉管平顺展开，不能有弯折或打圈情况；接着除掉铅封，拔出保险销再提起进气压杆或按下供气阀门，使二氧化碳或氮气进入贮罐；当表压升至0.7~1.0MPa时，放下进气压杆停止进气，然后拿起喷枪打开出粉阀对准火焰根部喷出干粉扑火。

（6）扑灭液体火灾时，不要使干粉气流直接冲击液面，以防止飞溅使火势蔓延。如果被扑救的液体火灾呈流淌燃烧，应对准火焰根部由近至远并左右扫射，把干粉笼罩住燃烧区，防止火焰回窜，直至把火焰全部扑灭。如果可燃液体在容器内燃烧，使用者应使喷射出的干粉流覆盖整个容器开口表面，当火焰被赶出容器时，使用者仍应继续喷射，直至将火焰全部扑灭。如果可燃液体在金属容器中燃烧时间过长，容器的壁温已高于扑救可燃液体的自燃点，此时极易造成灭火后再复燃的现象，若与泡沫类灭火器联用，则灭火效果更佳。使用磷酸铵盐干粉灭火器扑救固体可燃物火灾时，应对准燃烧最猛烈处喷射，并上下、左右扫射，如条件许可，使用者可提着灭火器沿着燃烧物的四周边走边喷，使干粉灭火剂均匀地喷在燃烧物的表面，直至将火焰全部扑灭。

（7）干粉灭火器应存放在阴凉、通风并取用方便之处，灭火器应保持干燥、密封，防止雨淋，以免干粉结块，防止烈日暴晒、接近火源，以免二氧化碳驱动气体受热膨胀而发生漏气现象，存放环境温度为-10~45℃。灭火器一经使用或灭火剂不足（减少了额定充装质量的10%）时应立即再充装。

二、消防工具的作用和使用方法

（1）消防栓又称消火栓，是连接消防供水系统的阀门装置，打开它便可大量而连续地供给灭火用水。室外消火栓多数安装在地面下，也有安装在地面上的；室内消火栓则大多数安装在墙壁上。接口大多为内扣式，也有压簧式。使用方法是：打开消火栓的门，卸下出水口的堵头，接出水带，拧开闸门，水即经水带输送到火场。关闭时，首先关紧闸门停止水的输送，然后再把水带分解开，卸下接扣并把堵头安好。如果是地下消火栓，还要打开回水门，等水放净后再将闸门关闭，最后盖上井盖。

（2）水龙带 常用的水龙带有内扣式和压簧式两种，其口径一般为50、60mm。平时卷好存放在通风、干燥的地方，防止腐烂。使用时要铺好，不要拧麻花、拐死弯，接口要衔接好。水龙带每次用后要冲洗干净，晒干后再卷好，以保证完好备用。

（3）消防水枪 常用的消防水枪有直流水枪和开花水枪。水枪接口有内扣式和压簧式两种，水枪口径一般有13、16、19、32mm四种。开花水枪除与直流水枪有相同的作用外，还可根据灭火的需要喷射开花水，用来冷却容器外壁、阻隔辐射热、掩护灭火员靠近火点。直流水枪上装上一个开关后，便成为开关水枪，使用时可根据火势情况控制射水量，这对于扑灭室内火灾和零星火堆更为适用。在直流水枪上装上一只双级离心喷雾头后，便成为喷雾水枪。使用时可将水泵送来的压力水经喷雾水枪离心力的作用形成雾状，可以用来扑灭油类火灾及变压器、油开关等电气设备的火灾。

第二节 火 灾 扑 救

一、防火灭火的原则与方法

（一）防火灭火的原则

1. 火灾类型

火灾根据可燃物的类型和燃烧特性，分为A、B、C、D、E、F六类。A类火灾：指固体物质火灾。这种物质通常具有有机物质性质，一般在燃烧时能产生灼热的余烬。如木材、煤、棉、毛、麻、纸张等火灾。B类火灾：指液体或可熔化的固体物质火灾。如煤油、柴油、原油，以及甲醇、乙醇、沥青、石蜡等火灾。C类火灾：指气体火灾。如煤气、天然气、甲烷、乙烷、丙烷、氢气等火灾。D类火灾：指金属火灾。如钾、钠、镁、铝镁合金等火灾。E类火灾：带电火灾。物体带电燃烧的火灾。F类火灾：烹饪器具内的烹饪物（如动植物油脂）火灾。

2. 扑救原则

扑救A类火灾可选择水型灭火器、泡沫灭火器、磷酸铵盐干粉灭火器、卤代烷灭火器。

扑救B类火灾可选择泡沫灭火器（化学泡沫灭火器只限于扑灭非极性溶剂）、干粉灭火器、卤代烷灭火器、二氧化碳灭火器。

扑救C类火灾可选择干粉灭火器、卤代烷灭火器、二氧化碳灭火器等。

扑救D类火灾可选择粉状石墨灭火器、专用干粉灭火器，也可用干砂或铸铁屑进行扑救。

扑救E类带电火灾可选择干粉灭火器、卤代烷灭火器、二氧化碳灭火器等。带电火灾包括家用电器、电子元件、电气设备（计算机、复印机、打印机、传真机、发电机、电动机、变压器等）及电线电缆等燃烧时仍带电的火灾，而顶挂、壁挂的日常照明灯具及起火后可自行切断电源的设备所发生的火灾则不应列入带电火灾范围。

扑救 F 类火灾可选择干粉灭火器。

（二）防火与灭火的基本方法

灭火的基本原则是一切灭火措施都是为了破坏已经产生的燃烧条件。其基本方法有如下四种：

（1）隔离法：就是使燃烧物和未燃烧物隔离，从而限制火灾范围。常用的隔离法灭火措施有：拆除毗连燃烧处的建筑、设备，断绝燃烧的气体、液体的来源；搬走未燃烧的物质；堵截流散的燃烧液体等。

（2）窒息法：就是减少燃烧区的氧量，隔绝新鲜空气进入燃烧区，从而使燃烧熄灭。常用的窒息法灭火措施有：往燃烧物上喷射氮气、二氧化碳，往着火的空间灌惰性气体、水蒸气、喷洒雾状水、泡沫等；用砂土埋没燃烧物，用石棉被、湿麻袋、湿棉被等捂盖燃烧物，封闭已着火的设备孔洞等。

（3）冷却法：就是降低燃烧物的温度于燃点之下。常用的冷却法灭火措施有：用水直接喷射燃烧物，往火源附近的未燃烧物体淋水，喷射二氧化碳与泡沫等。

（4）抑制法：就是中断燃烧的连锁反应。常用的抑制法灭火措施有：往燃烧物上喷射干粉灭火剂以覆盖火焰，从而中断燃烧。

二、灭火安全技术及注意事项

（1）电气设备发生火灾时，首先要立即切断电源，然后进行灭火。

（2）灭火过程中要防止必要的电源（如水塔、水泵电源等）中断，以免给灭火工作带来困难。若火灾发生在夜间，则还应准备足够的照明和消防用电。

（3）室内着火时，千万不要急于打开门窗，以防止空气流通而加大火势。只有在做好充分灭火准备后，才能有选择地打开门窗。

（4）当火焰窜上屋顶时要特别注意防止屋顶上的可燃物（沥青、油毡等）着火后落下而烧着设备和人员。

（5）灭火人员应尽可能站在上风位置进行灭火。当发现有毒烟气（如电缆或电容器着火燃烧等）威胁人员生命时，应戴上防毒面具。

（6）凡转动设备和电气设备或器件着火时，不准使用泡沫灭火器和砂土灭火。

（7）当灭火人员身上着火时，可就地打滚或撕脱衣服。不能用灭火器直接向灭火人员身上喷射，而应用湿麻袋、石棉布、棉被等将灭火人员覆盖。

（8）在灭火现场如发现有灭火人员或其他人员受伤时，要立即送往医院进行抢救。

第三节 触 电 急 救

一、触电急救

触电急救应分秒必争，一经明确心跳、呼吸停止的，立即就地迅速用心肺复苏法进行抢救，并坚持不断地进行，同时及早与医疗急救中心（医疗部门）联系，争取与医务人员接替救治。在医务人员未接替救治前，不应放弃现场抢救，更不能只根据没有呼吸或脉搏的表现，擅自判定伤员死亡，放弃抢救。只有医生有权做出伤员死亡的诊断。与医务人员接替时，应提醒医务人员在触电者转移到医院的过程中不得间断抢救。

（一）迅速脱离电源

（1）触电急救，首先要使触电者迅速脱离电源，越快越好。因为电流作用的时间越长，伤害越重。

（2）脱离电源，就是要把触电者接触的那一部分带电设备的所有断路器（开关）、隔离开关（刀闸）或其他断路设备断开，或设法将触电者与带电设备脱离开。在脱离电源过程中，救护人员也要注意保护自身的安全。如触电者处于高处，应采取相应措施，防止该伤员脱离电源后自高处坠落形成复合伤。

（3）低压触电可采用下列方法使触电者脱离电源：

1）如果触电地点附近有电源开关或电源插座，可立即拉开开关或拔出插头，断开电源。但应注意到拉线开关或墙壁开关等只控制一根线的开关，有可能因安装问题只能切断中性线而没有断开电源的相线。

2）如果触电地点附近没有电源开关或电源插座（头），可用有绝缘柄的电工钳或有干燥木柄的斧头切断电线，断开电源。

3）当电线搭落在触电者身上或被其压在身下时，可用干燥的衣服、手套、绳索、皮带、木板、木棒等绝缘物作为工具，拉开触电者或挑开电线，使触电者脱离电源。

4）如果触电者的衣服是干燥的，又没有紧缠在身上，可以用一只手抓住他的衣服，拉离电源。但因触电者的身体是带电的，其鞋的绝缘也可能遭到破坏，救护人不得接触触电者的皮肤，也不能抓他的鞋。

5）若触电发生在低压带电的架空线路上或配电台架、进户线上，对可立即切断电源的，则应迅速断开电源，救护者迅速登杆或登至可靠地方，并做好自身防触电、防坠落安全措施，用带有绝缘胶柄的钢丝钳、绝缘物体或干燥不导电物体等工具使触电者脱离电源。

（4）高压触电可采用下列方法之一使触电者脱离电源：

1）立即通知有关供电单位或用户停电。

2）戴上绝缘手套，穿上绝缘靴，用相应电压等级的绝缘工具按顺序拉开电源开关或熔断器。

3）抛掷裸金属线使线路短路接地，迫使保护装置动作，断开电源。注意抛掷金属线之前，应先将金属线的一端固定可靠接地，然后另一端系上重物抛掷，注意抛掷的一端不可触及触电者和其他人。另外，抛掷者抛出线后，要迅速离开接地的金属线 8m 以外或双腿并拢站立，防止跨步电压伤人。

（5）脱离电源后救护者应注意的事项：

1）救护人不可直接用手、其他金属及潮湿的物体作为救护工具，而应使用适当的绝缘工具。救护人最好用一只手操作，以防自己触电。

2）防止触电者脱离电源后可能的摔伤，特别是当触电者在高处的情况下，应考虑防止坠落的措施。即使触电者在平地，也要注意触电者倒下的方向，注意防摔。救护者也应注意救护中自身的防坠落、摔伤措施。

3）救护者在救护过程中特别是在杆上或高处抢救伤者时，要注意自身和被救者与附近带电体之间的安全距离，防止再次触及带电设备。电气设备、线路即使电源已断开，对未做安全措施挂上接地线的设备也应视作有电设备。救护人员登高时应随身携带必要的绝缘工具和牢固的绳索等。

4）如事故发生在夜间，应设置临时照明灯，以便于抢救，避免意外事故，但不能因此延误切除电源和进行急救的时间。

（二）现场就地急救

触电者脱离电源以后，现场救护人员应迅速对触电者的伤情进行判断，对症抢救。同时设法联系医疗急救中心（医疗部门）的医生到现场接替救治。要根据触电伤员的不同情况，采用不同的急救方法。

（1）触电者神志清醒、有意识，心脏跳动，但呼吸急促、面色苍白，或曾一度电休克、但未失去知觉，此时不能用心肺复苏法抢救，应将触电者抬到空气新鲜、通风良好的地方令其躺下，安静休息 1～2h，让他慢慢恢复正常。天凉时要注意保温，并随时观察呼吸、脉搏变化。条件允许，应送医院进一步检查。

（2）触电者神志不清，判断意识无，有心跳，但呼吸停止或极微弱时，应立即用仰头抬颏法，使气道开放，并进行口对口人工呼吸。此时切记不能对触电者施行心脏按压。如此时不及时用人工呼吸法抢救，触电者将会因缺氧过久而引起心跳停止。

（3）触电者神志丧失，判定意识无，心跳停止，但有极微弱的呼吸时，应立即施行心肺复苏法抢救。不能认为尚有微弱呼吸，只需做胸外按压，因为这种微弱呼吸已起不到人体需要的氧交换作用，如不及时人工呼吸即会发生死亡，若能立即施行口对口人工呼吸法和胸外按压，就能抢救成功。

（4）触电者心跳、呼吸停止时，应立即进行心肺复苏法抢救，不得延误或中断。

（5）触电者和雷击伤者心跳、呼吸停止，并伴有其他外伤时，应先迅速进行心肺复苏急救，然后再处理外伤。

（6）发现杆塔上或高处有人触电，要争取时间及早在杆塔上或高处开始抢救。触电者脱离电源后，应迅速将伤员扶卧在救护人的安全带上（或令其在适当地方躺平），然后根据伤者的意识、呼吸及颈动脉搏动情况进行前（1）～（5）项不同方式的急救。应提醒的是，高处抢救触电者，迅速判断其意识和呼吸是否存在是十分重要的。若呼吸已停止，开放气道后立即口对口（鼻）吹气2次，再测试颈动脉，如有搏动，则每5s继续吹气1次；若颈动脉无搏动，可用空心拳头叩击心前区2次，促使心脏复跳。为使抢救更为有效，应立即设法将伤员营救至地面，并继续按心肺复苏法坚持抢救。

1）单人营救法。首先在杆上安装绳索，将绳子的一端固定在杆上，固定时绳子要绕2～3圈，绳子的另一端放在伤员的腋下，绑的方法要先用柔软的物品垫在腋下，然后用绳子绕1圈，打3个结，绳头塞进伤员腋旁的圈内并压紧，绳子的长度应为杆的1.2～1.5倍，最后将伤员的脚扣和安全带松开，再解开固定在电杆上的绳子，缓缓将伤员放下。

2）双人营救法。该方法基本与单人营救方法相同，只是绳子的另一端由杆下人员握住缓缓下放，此时绳子要长一些，应为杆高的2.2～2.5倍，营救人员要协调一致，防止杆上人员突然松手，杆下人员没有准备而发生意外。

（7）触电者衣服被电弧光引燃时，应迅速扑灭其身上的火源，着火者切忌跑动，可利用衣服、被子、湿毛巾等扑火，必要时可就地躺下翻滚，使火扑灭。

（三）伤员脱离电源后的处理

首先判断意识、呼救和体位放置。

（1）判断伤员有无意识。

呼唤双耳、用双手拍打伤员双肩，同时呼叫："喂！你怎么了？"如无反应，可判断存在意识丧失。

（2）呼救、拨打急救电话。

发现伤员无反应后应立即请求周围人援助，高声呼救："快来人啊，有人晕倒了"。

1）请这位先生快帮忙拨打120。

2）请这位女士帮我拿一下AED（自动体外除颤仪）。

3）有会急救的请和我一起来救护。

（3）调整体位。

如果伤员意识不清，且处于俯卧位，应将伤病员翻转为仰卧位，即心肺复苏体位。

（4）判断呼吸、心跳。

操作前，解开伤者衣物和裤带。

采用"看、听、感"的方法在10s内迅速判断伤员呼吸及颈动脉搏动状况，救护者根据判断结果进行对症施救。

将耳贴近伤者的口和鼻，头部偏向伤者胸部。

1）看：胸部有无起伏。

2）听：有无呼气声。

3）感：有无气体排出。

（四）心肺复苏的操作要领

心肺复苏支持生命的基本措施有三项：胸外心脏按压（Compression，C）、通畅气道（Airway，A）和人工呼吸（Breathing，B）。在成人心肺复苏中，救护者应按照 C-A-B 的顺序及按压与呼吸 30:2 的比例进行操作，即先进行胸外心脏按压 30 次，通畅气道后再进行人工呼吸 2 次。

（1）胸外心脏按压。

胸外心脏按压是采用人工机械的强制作用，迫使心脏有节律地收缩，从而恢复心跳、恢复血液循环，并逐步恢复正常的心脏跳动。

除按压位置和姿势正确外，高质量的按压还要求救护者应该以适当的速率和深度进行有效按压，同时尽可能减少胸外按压中断的次数和持续时间，且保证每次按压后胸廓充分回弹。

1）按压位置。

正确的按压位置，是保证胸外心脏按压实施效果的重要前提，并可防止胸肋骨骨折和各种并发症的发生。确定位置常用方法为：成人按压位置在两乳头连线的中点，幼儿按压位置在两乳头连线的中点略偏下一点。

2）按压姿势。

根据现场具体情况，操作者双膝跪在被救者一侧，一般选择右侧，左膝位于被救者肩颈部，两腿自然分开，与肩同宽。

按压位置确定后，救护人一手掌跟放在胸骨定位处，另一手紧贴叠放在定位手的手背上，以加强按压力量。按压时要求放在下面的手五指张开，十指相扣，掌心翘起，保证只有掌根紧贴在胸骨上。

操作时，救护人身体尽量靠近患者；腰部稍弯曲，上身略向前倾，肩部在按压位置的正上方，肘关节绷直。以髋关节为支点，利用上半身的重力，掌根用适当的力量垂直向下按压，注意着力点是双臂的合力（如图 2-3-1 所示）。按压时救护人应目视患者面部，以观察面色、瞳孔、神志等有无变化。

3）按压深度。

按压深度一般为成人 5~6cm，儿童伤者约为5cm，婴幼儿约为 4cm。按压后掌根要立即全部放松（但双手不要离开胸壁），以使胸部自动复原，让血液回流入心脏。

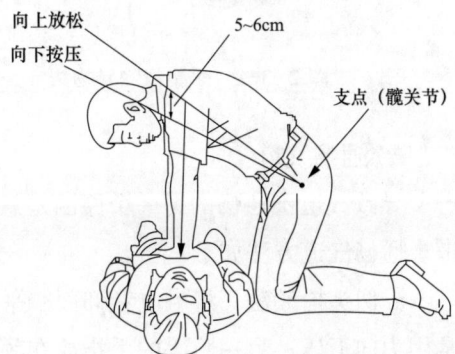

图 2-3-1　按压的正确姿势

4）按压频率

按压频率为 100～120 次 /min，放松时间与按压时间相等，各占 50%。

心肺复苏过程中每分钟的胸外按压次数对于伤者能否恢复自主循环以及存活后是否有良好的神经系统功能非常重要。更多的按压次数可提高存活率。但过快的按压速率易导致按压不足和胸廓回弹不充分的问题。每分钟的实际胸外按压次数由胸外按压次数以及按压中断的次数和持续时间决定。为保证足够胸外按压次数，按压操作中应尽量减少中断的次数，且每次中断不超过 10s。

（2）通畅气道。

当触电者呼吸停止时，重要的是要始终保持气道畅通。遭受意外伤害者易发生气道阻塞现象。造成气道阻塞的原因除舌根坠入咽部外，还可能由口腔异物造成。如有异物，应先予以清除，然后通畅气道。

1）清理口腔异物。

口腔异物，如大块食物、假牙、呕吐物、血块等，若进入气道口，会造成部分或完全气道阻塞。清理口腔异物的方法如下：

a. 手指清除异物法。首先，将两手张开，放在伤病员面部两侧（耳朵露出），两拇指轻轻掰开下唇，查看有无异物；若有，将伤病员头转向近端 45°，右手握拳抵住伤病员下颏处，拇指伸到嘴里压住舌头，左手食指伸到嘴里，将嘴里异物从上到下清除，以免异物再次注入气道，严禁头成仰起状清理异物（如图 2-3-2 所示）。

b. 腹部猛压法。将患者平躺在地，救护者双手相叠按压在其腹部，用力下压并向上推动，通过外力的作用把异物排出（如图 2-3-3 所示）。

图 2-3-2　手指清除异物法

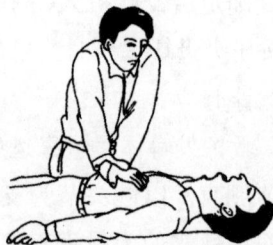

图 2-3-3　腹部猛压法

2）通畅气道。

导致气道不通畅的另一个原因是意识丧失后的舌根下坠，只有将舌根拉起后才可打开气道。通畅气道方法如下：

a. 仰头抬颏法。将触电者仰面躺平，抢救者跪在触电者肩部，一只手放在其前额上，手掌用力向下压；另一只手的手指放在颏下将其下颏骨向上抬起，从而将头后仰，舌根随之抬起，呼吸道即可通畅。成人头部后仰的程度应使下颌骨与地面垂直，儿童应使下颌骨与地面呈 60°，婴儿应使下颌骨与地面呈 30°（如图 2-3-4 所示）。

注意：在抬颏时不要将手指压向颈部软组织的深处，否则会阻塞气道。禁止用枕头或其他物品垫在伤员头下，否则头部抬高前倾，也会加重气道阻塞。

b. 仰头抬颈法。将触电者仰面躺平，抢救者跪在触电者肩部，用一只手放在其前额上，手掌用力向下压；另一只手的手指放在颈下将其颈部向上抬起，从而将头后仰，舌根随之抬起，呼吸道即可通畅。后仰的程度与仰头抬颏法相同。

c. 托颌法。将触电者仰面躺平，抢救者跪在伤员的头部附近，两肘关节支撑在伤者仰卧的平面上，两手放在触电者的下颌两侧，以食指为主，用力将下颌角托起（如图 2-3-5 所示）。

注意：操作中，不得将患者头部从一侧转向另一侧或使头部后仰，以免加重颈椎部损伤。

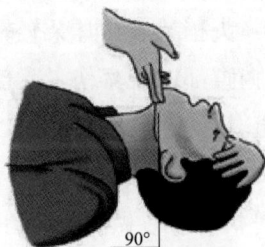

图 2-3-4　仰头抬颏法

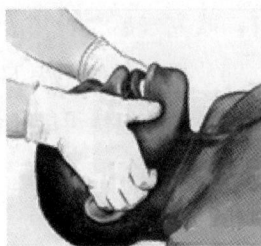

图 2-3-5　托颌法

（3）人工呼吸。

呼吸是维持生命的重要功能。如果停止呼吸，人体内就会失去氧的供应，体内的二氧化碳也排不出去，很快就会导致死亡。人的大脑细胞对缺氧特别敏感，缺氧 4~6min 就会造成脑细胞损伤；缺氧超过 10min，脑组织就会发生不可逆的损伤。因此，患者一旦发生呼吸停止，就需要马上做人工呼吸进行急救。做人工呼吸首选口对口人工呼吸，当无法做口对口人工呼吸时，就做口对鼻人工呼吸。

1）口对口人工呼吸。

口对口人工呼吸就是采用人工机械动作（抢救者呼出的气通过伤员的口对其肺部进行充气以供给伤员氧气），使伤员肺部有节律地膨胀和收缩，以维持气体交换（吸入氧气，排出二氧化碳），并逐步恢复正常呼吸的过程。

操作前，解开伤者衣领、裤带，摘下假牙，以使胸部能自由扩张。

口对口人工呼吸步骤如下：

头部后仰。当上述准备工作完成后，让触电者头部尽量后仰、鼻孔朝天，避免舌下坠导致呼吸道梗阻（如图 2-3-6 所示）。

捏鼻掰嘴。救护人跪在触电者头部的侧面，用放在前额上的手指捏紧其鼻孔，以防止气体从伤员鼻孔逸出；另一只手的拇指和食指将其下颌拉向前下方，使嘴巴张开，准备接受吹气（如图 2-3-7 所示）。

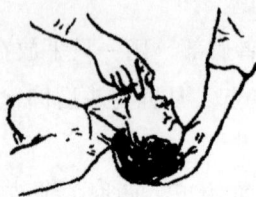

图 2-3-6　头部后仰　　　　　　　　图 2-3-7　捏鼻掰嘴

贴嘴吹气。救护人深吸一口气屏住，用自己的嘴唇包绕住伤员的嘴，在不漏气的情况下，做两次大口吹气，吹气量约为 500～1000ml，且每次吹气维持时长 1～1.5s，实际操作中以胸部有明显起伏为宜。

放松换气。吹完气后，救护人的口立即离开伤员的口，头稍抬起，耳朵轻轻滑过鼻孔，捏鼻子的手立即放松，让触电者自动呼气。同时视线看向胸腹部以观察伤者胸部起伏情况，胸部有起伏效果好，无起伏可能是气道有阻塞，应检查气道。

2）口对鼻人工呼吸。

触电者如有严重的下颌和嘴唇外伤、牙关紧闭、下颌骨折等难以做到口对口密封时，可采用此法。步骤如下：

救护者用一只手放在触电者前额上使其头部后仰，用另一只手抬起触电者的下颌并使口闭合。

救护者深吸一口气，用嘴唇包绕住触电者鼻孔，并向鼻内吹气。

救护者的口部移开，让触电者被动地将气呼出，依次反复进行，其他注意点同口对口人工呼吸法。

（五）转移和终止

（1）转移。在现场抢救时，应力争抢救时间，切勿为了方便或让伤员舒服去移动伤员，从而延误现场抢救的时间。

现场心肺复苏应坚持不断地进行，抢救者不应频繁更换，即使送往医院途中也应继续进行。鼻导管给氧绝不能代替心肺复苏术。如需将伤员由现场移往室内，中断操作时间不得超过 7s；通道狭窄、上下楼层、送上救护车等的操作中断不得超过 30s。将心跳、呼吸恢复的伤员用救护车送医院时，应在伤员背部放一块长、宽适当的硬板，以备随时进行心肺复苏。将伤员送到医院而专业人员尚未接手前，仍应继续进行心肺复苏。

（2）终止。何时终止心肺复苏是一个涉及医疗、社会、道德等方面的问题。不论在什么情况下，终止心肺复苏，决定于医生，或医生组成的抢救组的首席医生。否则不得放弃抢救。高压或超高压电击的伤员心跳、呼吸停止，更不应随意放弃抢救。

1）电击伤员的心脏监护：被电击伤并经过心肺复苏抢救成功的电击伤员，都应让其充分休息，并在医务人员指导下进行不少于 48h 的心脏监护。因为伤员在被电击过程中，由于电压、电流、频率的直接影响和组织损伤而产生的高钾血症，以及由于缺氧等因素，引起的心肌损害和心律失常，经过心肺复苏抢救，在心跳恢复后，有的伤员还可能会出现"继发性心脏跳停止"，故应进行心脏监护，以对心律失常和高钾血症的伤员及时予以治疗。

2）抢救过程注意事项：

a. 按压吹气 2min 后（相当于单人抢救时做了 5 个 30∶2 压吹循环），应用看、听、试方法在 5～10s 完成对伤员呼吸和心跳是否恢复的再判定。

b. 若判定颈动脉已有搏动但无呼吸，则暂停胸外按压，而再进行 2 次口对口人工呼吸，接着每 5s 吹气一次（即每分钟 12 次）。若脉搏和呼吸均未恢复，则继续坚持心肺复苏法抢救。

c. 抢救过程中，要每隔数分钟再判定一次，每次判定时间均不得超过 5～10s。在医务人员未接替抢救前，现场抢救人员不得放弃现场抢救。

（3）现场触电抢救，对采用肾上腺素等药物应持慎重态度。如没有必要的诊断设备条件和足够的把握，不得乱用。在医院内抢救触电者时，由医务人员经医疗仪器设备诊断，根据诊断结果决定是否采用。

第四节 创 伤 急 救

一、创伤急救的基本要求

（1）创伤急救原则上是先抢救、后固定、再搬运，并注意采取措施，防止伤情加重或污染。需要送医院救治的，应立即做好保护伤员措施后送医院救治。急救成功的条件：动作快，操作正确，任何延迟和误操作均可加重伤情，并可导致死亡。

（2）抢救前先使伤员安静躺平，判断全身情况和受伤程度，如有无出血、骨折和休克等。

（3）外部出血应立即采取止血措施，防止失血过多而休克。外观无伤，但呈休克状态，神志不清或昏迷者，要考虑胸腹部内脏或脑部受伤的可能性。

（4）为防止伤口感染，应用清洁布片覆盖。救护人员不得用手直接接触伤口，更不得在伤口内填塞任何东西或随便用药。

（5）搬运时应使伤员平躺在担架上，腰部束在担架上，防止其跌下。平地搬运时伤员头部在后，上楼、下楼、下坡时头部在上，搬运中应严密观察伤员，防止伤情突变。

（6）若怀疑伤员有脊椎损伤（高处坠落者），在放置体位及搬运时必须保持脊柱不扭曲、不弯曲，应将伤员平卧在硬质平板上，并设法用沙土袋（或其他代替物）放置头部及躯干两侧以适当固定，以免引起截瘫。

二、止血

（1）伤口渗血：用较伤口稍大的消毒纱布数层覆盖伤口，然后进行包扎。若包扎后仍有较多渗血，可再加绷带适当加压止血。

（2）伤口出血呈喷射状或鲜红血液涌出时，立即用清洁手指压迫出血点上方（近心端）使血流中断，并将出血肢体抬高或举高，以减少出血量。

（3）用止血带或弹性较好的布带等止血时，应先用柔软布片或伤员的衣袖等数层垫在止血带下面，再扎紧止血带以刚使肢端动脉搏动消失为度。上肢每 60min、下肢每 80min 放松一次，每次放松 1~2min。开始扎紧与每次放松的时间均应书面标明在止血带旁。扎紧时间不宜超过 4h。不要在上臂中 1/3 处和窝下使用止血带，以免损伤神经。若放松时观察已无大出血可暂停使用。

（4）严禁用电线、铁丝、细绳等作止血带使用。

（5）高处坠落、撞击、挤压可能有胸腹内脏破裂出血。受伤者外观无出血但常表现面色苍白，脉搏细弱，气促，冷汗淋漓，四肢厥冷，烦躁不安，甚至神志不清等休克状态，应迅速躺平，抬高下肢，保持温暖，速送医院救治。若送院途中时间较长，可给伤员饮用少量糖盐水。

思 考 题

1. 火灾有哪些类型？扑救原则是什么？
2. 灭火的基本方法有哪几种？
3. 带电灭火有哪些注意事项？
4. 灭火器的种类和作用分别是什么？
5. 消防工具由哪些部件组成，如何使用？
6. 创伤急救的基本原则是什么？
7. 各种创伤急救的方法是什么？

第三章 图纸识图与绘制

本章概述

本章以满足电站工作人员实际工作需要为目的，主要介绍机械图样和电气图识读的有关知识和方法，重点突出学用结合，快速读懂机械图和电气图。

机械图按机械图样规定的方法表达出了机械设备（部件）、零件的形状、大小、材料和技术要求，熟练识读机械图样是从业人员的一项基本技能。本章内容包括水力机械图形符号及画法规定和工程图形两部分。

在发电厂和变电站中，一次设备和二次设备构成一个整体，只有两者都处在良好的状态，才能保证电力生产的安全，尤其是在大型的、现代化的电网中，二次设备的重要性更显突出。本章全面系统地介绍了二次回路识图相关基础知识及电气主接线的相关知识。

学习目标

	学习目标
知识目标	1. 能正确叙述水力机械图的画法规定并辨识水力机械图形符号。 2. 能正确叙述电气设备图文字符号的画法规定并辨识图形符号。
技能目标	1. 能正确识读水力机械图。 2. 能正确识读电气图。 3. 能正确识读工程图形。

第一节 水力机械图形符号及画法规定

为了正确识绘水力机械图，需要掌握水力机械图的图形符号和画法规定，本节包含了水力机械图画法规定和水力机械图图形符号两部分。

一、水力机械图画法规定

（一）水力机械图种类

（1）水力机械图通常分为系统图（原理图）、施工图、容器制作图及非标准零部件加工图三大类。

（2）系统图主要用来表示设备、装置、仪器、仪表及其连接管路的基本组成和连接关系，同时在图中应对系统的作用和状态做出表述。常用的系统图有液压操作系统图、油系统图、压缩空气系统图、技术供水系统图、排水系统图、消防给水系统图和水力监视测量系统图等。

（3）施工图主要表达各种设备、管道、土建结构等的相互位置关系和详细尺寸或与土建基础之间的连接关系和安装方式等。施工图主要包括有布置图（管路布置图、设备布置图）和设备基础图等。

（二）绘制水力机械图的基本规定

（1）通过水轮机中心沿厂房长度方向的轴线为厂房的纵轴线，垂直于厂房的纵轴线的轴线为横轴线。

（2）机组坐标的规定：X轴为沿厂房纵轴方向，Y轴为沿厂房横轴方向，同时应规定厂房进水侧为$+Y$。

（3）绘制布置图时，机组主要部件（包括压力钢管）按其结构尺寸简化绘制，管路应采用单线绘制，其他元件及设备用符号或简图绘制。

（三）管路采用单线绘制的规定

（1）管路用单线绘制时，线条采用不同粗度。在布置图中，不同材料、不同管径和去向的管路，一律采用文字或代号标注加以区别。

（2）管路使用单线绘制时，应考虑到管路连接件安装的实际空间位置，以免相互干扰。

1）单线管路中阀门及管路附件、表计等的外形尺寸，应根据其实际尺寸按比例采用规定的简化画法，一般用实线绘制。

2）复杂管路布置图中的局部详图，如管路交叉、管夹、管堵头取水口等，如果采用单线表达不清楚时，可用双线绘制。

（四）管路的中断画法

管路在当前图中中断并转至其他图上时，或由其他图转至本图时，其画法如图3-1-1所示。

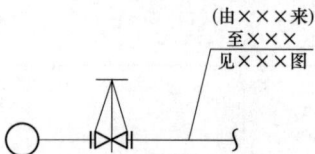

图3-1-1　管路的中断画法

二、水力机械图图形符号

（一）水力机械图图形符号使用规定

（1）本图形符号适用于绘制水利水电工程中水力机械系统图和布置图。

（2）用同一图形符号表示的仪表、设备，当其用途不同时，可在图形的右下角用大写英文名称的字头表示，如图3-1-2所示。

（3）阀类中，常开、常闭是对机组处于正常运行的工作状态而言的。

（4）元件的名称、型号和参数（如压力、流量、管径等），在材料表中应标注清楚。

（5）标准中未规定的图形符号，可根据其说明和图形符号的规律，按其作用原理进行派生，并在图纸上做必要的说明。

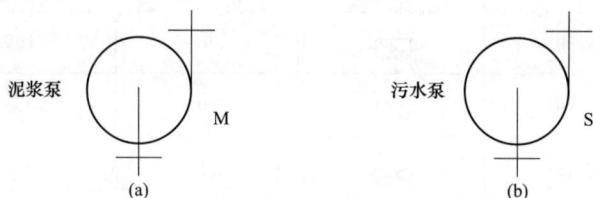

图 3-1-2 用同一图形符号表示的仪表、设备（M——泥浆泵，S——污水泵）

（a）泥浆泵；（b）污水泵

（6）图形符号的大小以清晰、美观为原则，系统图中可根据图纸幅面的大小变化而定，布置图中可结合设备的外形结构尺寸成比例绘制。

（二）控制元件的图形符号

控制元件的名称和符号如表 3-1-1 所示。

表 3-1-1　　　　　　　　　　　控制元件的名称和符号

序号	名称		符号
1	手动（脚动）元件		T Γ 不 木
2	弹簧元件		⋛
3	重锤元件		□⌐
4	浮球元件		○⌐
5	活塞（液压）元件		⊟
6	电磁元件		Σ
7	薄膜元件	（不带弹簧）	⊖
8		（带弹簧）	⊤
9	电动元件		Ⓜ

（三）系统图和布置图共同适用的图形符号

有关油、水、气、阀门、自动化元件及设备图形符号，按表 3-1-2 中的规定绘制。

表 3-1-2　　　　　　　油、水、气、阀门、自动化元件及设备图形符号

序号	名称	图形符号	序号	名称	图形符号
1	闸阀	⧓	3	节流阀	⧓
2	截止阀	⧓	4	球阀	⧓

序号	名称	图形符号	序号	名称	图形符号
5	蝶阀	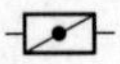	9	三通阀	
6	隔膜阀		10	三通旋塞	
7	旋塞阀	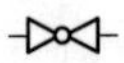	11	角阀	
8	止回阀	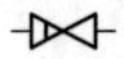	12	弹簧式安全阀	

注 需要表示闸门的开启、关闭状态时，应在闸门符号的右上角用文字表示，常开阀用"ON"表示；常闭阀用"OFF"表示；表示常开的文字"ON"可省略不标注。

（四）适用于系统图用图形符号

设备及元件的图形符号见表 3-1-3，仪器、仪表的图形符号见表 3-1-4。

表 3-1-3　　　　　　　　　　设备及元件的图形符号

序号	名称	图形符号	序号	名称	图形符号
1	液动滑阀两位四通	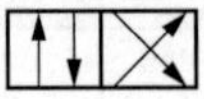	9	真空泵	
2	进水阀	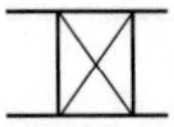	10	离心水泵	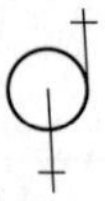
3	液动配压阀	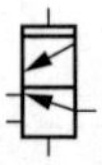	11	真空滤油机	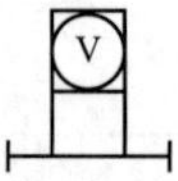
4	事故配压阀	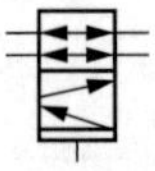	12	离心滤油机	
5	滤水器	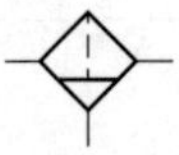	13	压力滤油机	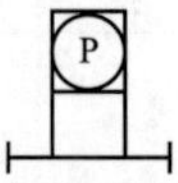
6	油泵		14	移动油泵	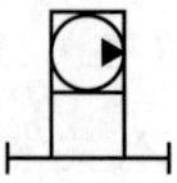
7	手压油泵	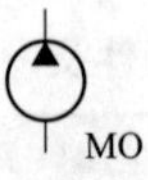 MO	15	柜、箱（装置）	
8	空气压缩机				

表 3-1-4　　　　　　　　　　　　　仪器、仪表的图形符号

序号	名称	图形符号	序号	名称	图形符号
1	剪断销信号器	B	15	水位计	
2	压差信号器	D	16	水位传感器	
3	单向示流信号器	F	17	指示性水位传感器	
4	双向示流信号器	F	18	二次压力表	
5	浮子式液位信号器	L	19	远传式压力表	
6	油混水信号器	M	20	压力表	
7	转速信号器	N	21	触点压力表	
8	压力信号器	P	22	真空表	
9	位置信号器	S	23	压力真空表	
10	温度信号器	T	24	流量计	
11	电极式水位信号器		25	压差流量计	
12	示流器		26	温度计	
13	压力传感器	P	27	机组效率测量装置	E
14	压差传感器	D			

（五）仪器、仪表的表达方式

（1）仪器、仪表可用表 3-1-4 中所规定的图形符号表示，也可用基本符号与文字符号相配合的方式表示，如选用此种表示方法，则需按表 3-1-5（仪器、仪表的名称与符号）绘制。

表 3-1-5　　　　　　　　　　　　　仪器、仪表的名称与符号

序号	名称	符号
1	现地装设仪表	
2	机器盘（柜）上仪表	
3	控制室盘（柜）上仪表	

注　"*"表示仪器类型符号，R 表示仪表序号；表中符号为圆形时表示设计，为矩形时表示其他自动化元件。

41

（2）仪器、仪表种类说明：表3-1-5中符号的"*"用三个英文字母表示。其意义如下。

1）"*"第一个字母表示工作原理，见表3-1-6所示。

表3-1-6 "*"第一个字母表示工作原理

序号	字母	种类特性	特性举例	
			分类	举例
1	A	由部件组成的组合件（规定由其他字母代表的除外）	结构单元 功能单元 功能组件 电路板	控制屏、台、箱 计算机终端 发射/接收器 效率测量装置
2	B	用于在工艺流程中的被测量在测量流程中转换为另一量	传感器 测速发电机 扩音机	压力传感器 电磁流量计 磁带或穿孔读出器
3	G	用于电流的产生和传播	发电机 励磁机 信号发生器	振荡器 振荡晶体
4	J	用于软件	程序 程序单元	程序模块
5	P	测量仪表 时钟 指示器 信号灯 警铃	视频或字符显示单元 压力表 温度计	
6	S	用于控制电路的切换	手动控制开关 过程条件控制开关 电动操作开关 拨动开关	按钮 剪断销信号器 电触点压力表 导叶开度位置触点
7	U	用于流程中其他特性的改变（用T代表的除外）	整流器 逆变器 变频器 无功补偿	A/D或D/A变换器 调制调解器 电码变换器 电动发电机组
8	Y	用于机、电元器件的操作	操作线圈 联锁器件 阀门操作	阀门 液压阀 电磁线圈

2）"*"第二个字母表示功能（一），见表3-1-7。

表3-1-7 "*"第二个字母表示功能（一）

序号	英文代号	类别名称	序号	英文代号	类别名称
1	A	空气	3	D	压差
2	B	断裂	4	E	效率

序号	英文代号	类别名称	序号	英文代号	类别名称
5	E	事故、紧急	11	Q	流量
6	F	流向	12	S	摆动
7	L	液面	13	T	温度
8	M	油水混合	14	V	振动
9	N	转速	15	VP	真空压力
10	P	压力			

3）"*"第三个字母表示功能（二），见表3-1-8。

表3-1-8   "*"第三个字母表示功能（二）

序号	英文代号	类别名称	序号	英文代号	类别名称
1	A	报警	6	L	低
2	D	双	7	M	电磁
3	I	指示	8	R	记录
4	H	高	9	S	单
5	L	液动	10	U	超声波

（3）仪器、仪表、阀门文字符号，见表3-1-9。

表3-1-9   仪器、仪表、阀门文字符号

序号	文字符号	中文名称	序号	文字符号	中文名称
1	BD	压差传感器	10	SP	压力信号器
2	BL	液位传感器	11	ST	温度信号器
3	BP	压力传感器	12	PP	压力表
4	BQ	流量传感器	13	PTR	温度记录仪
5	BS	机组摆度传感器	14	YVV	真空破坏阀
6	BV	机组振动传感器	15	YVM	事故配压阀
7	SB	剪断信号器	16	YVD	电磁配压阀
8	SN	转速信号器	17	YVL	液压阀
9	SL	液位信号器	18	YVE	紧急停机电磁阀

（4）仪器、仪表序号"R"的说明：仪表序号第一位数字表示管路系统类别，第二位及以后数字表示仪表顺序编号，表示管路类别的数字见表3-1-10。

表 3-1-10   管路类别的数字

序号	系统名称	序号	系统名称	序号	系统名称
1	透平油系统	4	技术供水系统	7	水力监视测量系统
2	绝缘油系统	5	排水系统	8	进水阀液压操作系统
3	气系统	6	消防给水系统	9	机组液压操作系统

（5）仪器、仪表符号，见表 3-1-11。

表 3-1-11   仪器、仪表符号

序号	符号	示例说明
1	(PV / 11)	真空压力指示仪表（真空压力表），透平油系统，序号 1，就地安装
2	(PP / 51)	压力指示仪表（压力表），排水系统，序号 1，就地安装
3	PTR / 19	温度记录仪，透平油系统，序号 9，装于控制室表盘上
4	PTA / 51	温度报警器，排水系统，序号 1，装于机盘旁
5	BP / 92	压力传感器，机组液压操作系统，序号 2，现地安装
6	SP1 / 95	压力指示信号器（接点压力表），机组液压操作系统，序号 5，现地安装
7	PFD / 41	双向示流器，技术供水系统，喜好 1，现地安装
8	SFD / 42	双向示流信号器，技术供水系统，序号 2，现地安装
9	SB / 94	剪断销信号器，机组液压操作系统，序号 4，现地安装
10	SS / 91	定位信号器（闸板复位信号器），机组液压操作系统，序号 1，现地安装
11	SM / 12	油中混水信号器，透平油系统，序号 2，现地安装
12	PL / 21	液位指示器，绝缘油系统，序号 1，现地安装
13	SLA / 21	液位报警器，绝缘油系统，序号 1，装于机盘旁
14	SPA / 91	压力报警器，机组液压操作系统，序号 1，装于控制室表盘
15	PD / 71	压差指示器，水力监视测量系统，序号 1，装于控制室表盘
16	BD / 71	压差传感器，水力监视测量系统，序号 1，现地安装

第二节 电气设备图形符号及文字符号

为了正确识绘电气图，需要熟悉电气设备的图形符号和文字符号，本节包含了电气设备文字符号的画法规定和电气设备的图形符号两部分。

一、电气设备文字符号

（一）制定原则

（1）"文字符号"可作为限定符号与一般图形符号组合使用，成为新图形符号。

（2）补充文字符号的原则：

1）按照相关电气名词术语的国家标准或专业标准中规定的英文术语缩写，一般采用该单词的第一位字母构成文字符号。

2）按照常用缩略语或约定俗成的习惯用法构成文字符号。

（3）文字符号一般不超过三位字母，而且不提倡用三位甚至更多位字母。

（二）特定导线标记

（1）交流系统电源和设备，U 相、V 相、W 相分别用 U、V、W 表示；三相电力线路，A 相、B 相、C 相分别用 L1、L2、L3 表示。

（2）中性线，用 N 表示。

（3）保护接地线，用 PE 表示。

（4）不接地的保护导线，用 PU 表示。

（5）保护接地线和中性线共用一线，用 PEN 表示。

（6）接地线，用 E 表示。

（7）直流系统电源线的正极、负极、中间线分别用 L+、L-、M 表示。

（三）电气设备端子标记

（1）交流系统的电气设备端子三相应用 U、V、W 表示，三相导线用 L1、L2、L3 表示。

（2）中性线，用 N 表示。

（3）保护接地，用 PE 表示。

（4）接地，用 E 表示。

（5）直流系统的正极、负极、中间线，分别用 C、D、M 表示。

（四）设备文字符号

设备的文字符号均为正体如表 3-2-1 所示。

表 3-2-1　　　　　　　　　　设 备 文 字 符 号

中文名称	文字符号	中文名称	文字符号	中文名称	文字符号
计算机终端	A	气体继电器	KG	变压器	T
控制台（屏）	A	冲击继电器、阻抗继电器	KI	信号变压器	T
自动装置	A	闭锁接触继电器、保持继电器、双稳态继电器	KL	电流互感器	TA
调节器	A	中间继电器	KM	自耦变压器	AT
自动重合闸装置	AAR	脉冲继电器	KM	接地变压器	TE
电桥	AB	保护出口中间继电器	KOM	电力变压器	TM
中央信号装置	ACS	压力继电器	KP	电压互感器	TV
电流调节器	ACR	热继电器	KR	整流器	U
励磁调节器	AE	重合闸继电器	KRC	变流器	U
（自动）同步装置	AS	信号继电器、选择器、启动继电器	KS	无功补偿器	U
触发器	AT	时间继电器	KT	调制器	U
远方跳闸装置	ATQ	延时（有或元）继电器	KT	变频器、编码器	U
遥测装置	ATM	温度继电器	KT	解调器	U
电压调节器	AUR	跳闸继电器	KT	逆变器	U
光电池	B	电压继电器	KV	半导体器件	V
送话器	B	监察继电器	KVI	稳压管	V
拾音器	B	功率继电器	KW	气体放电管	V
扬声器	B	同步检查继电器	KY	二极管	V
耳机	B	电感器	L	三极管	V
电容器（组）	C	电抗器	L	晶体管	V
发热器件	EH	电感线圈	L	电子管	VE
空气调节器	EV	消弧线圈	L	稳压器	N
发光器件	E	电动机	M	电压稳定器	N
照明灯	EL	异步电动机	MA	信号发生器	P
保护器件	F	直流电动机	MD	电子阀	V
具有瞬时动作的限流保护器件	FA	同步电动机	MS	避雷器、放电间隙	F
熔断器	FU	绝缘电阻表	P	光纤接收/发送器件	V
电源、发电机	G	功率因数表	P	光耦合器	V
限压保护器件	F	相位表	P	光敏电阻	V
异步发电机	GA	电流表	PA	信息总线	W
蓄电池	GB	计数器	PC	传输通道	W
直流发电机	GD	频率表	PF	波导	W
励磁机	GE	电能表	PJ	导线	W

续表

中文名称	文字符号	中文名称	文字符号	中文名称	文字符号
同步发电机	GS	同步表	PS	母线	W
熔断器	FU	信号发生器	PS	辅助母线	WA
限压保护器件	FV	时钟、操作时间表	PT	电力母线	WE
信号器件	H	无功功率表	PV	控制电缆	WC
声响指示器	HA	电压表	PV	直流母线	ST
电铃	HA	有功功率表	PW	闪光母线	WH
电笛	HA	电力电路开关	Q	照明干线	WL
蜂鸣器	HB	低压断路器（自动空气开关）	Q	电力电缆	WP
绿灯	HG	断路器	QF	天线	WR
光指示器、信号灯	HL	刀开关	SA	信号母线	WS
指示灯	HL	负荷开关	QL	光纤	WX
光字牌	HL	隔离开关	QS	端子	X
红灯	HR	电阻器	R	接线柱	X
白灯	HW	变阻器	R	电缆封端	X
黄灯	HY	电位器	RP	电缆接头	X
继电器	K	热敏电阻器	RT	电缆箱	X
交流继电器	KA	压敏电阻器	RV	连接片	XB
电流继电器	KA	控制器	S	测试插孔	XJ
瞬时（有/无）继电器	KA	低压开关	S	插头	XP
瞬时接触继电器	KA	拨号接触器	S	切换片、插座	XS
制动继电器	KB	连接级	S	端子箱（板）	XT
合闸继电器	KC	电动操作开关	S	气阀	Y
防跳继电器	KCF	拨动开关	S	电磁铁	YA
合闸继电器	KC	机电式（有或元）传感器	S	电动阀	YM
出口继电器	KCO	控制开关	SA	操作线圈	Y
差动继电器	KD	按钮开关（按钮）	SB	电磁制动器	YB
自动灭磁继电器	KDM	灭磁开关	SD	电磁离合器	YC
接地继电器	KE	温度传感器	ST	滤波器	Z
频率继电器	KF	静止补偿装置	SVC	终端设备	Z
记录仪器	PS	电缆	W		

二、电气简图常用图形符号

（1）测量仪表、灯和信号器的图形符号如表 3-2-2 所示。

表 3-2-2   测量仪表、灯和信号器的图形符号

序号	名称	图形符号	序号	名称	图形符号
1	电压表	Ⓥ	9	温度计	θ
2	无功功率表	var	10	转速表	n
3	功率因数表	$\cos\varphi$	11	记录式功率表	W
4	相位表	φ	12	电能表	Wh
5	差动式电压表	V U_d	13	信号灯	⊗
6	频率表	Hz	14	闪光型信号灯	⊗
7	波长表	λ	15	电铃	
8	示波器		16	蜂鸣器	

（2）符号要素、限定符号和常用其他符号如表 3-2-3 所示。

表 3-2-3   符号要素、限定符号和常用其他符号

序号	名称	图形符号	序号	名称	图形符号
1	直流		9	理想电流源	
2	交流	～	10	理想电压源	
3	具有交流分量的整流电流		11	故障	
4	中性（中性线）	N	12	闪络、击穿	
5	接地的一般符号		13	导线间绝缘击穿	
6	保护接地		14	导线对机壳绝缘击穿	
7	抗干扰接地无噪声接地		15	导线对地绝缘击穿	
8	接机壳或底板				

（3）导线和连接器件的图形符号如表 3-2-4 所示。

表 3-2-4　　　　　　　　　　　导线和连接器件的图形符号

序号	名称	图形符号	序号	名称	图形符号
1	连接、连接点	●	5	导线的双重连接	
2	端子	○	6	接通的连接片	
3	导线的 T 型连接		7	断开的连接片	
4	导线的不连接（跨越）	单线连接 多线连接			

（4）开关、控制和保护器件的图形符号如表 3-2-5 所示。

表 3-2-5　　　　　　　　　　开关、控制和保护器件的图形符号

序号	图形符号	说明	序号	图形符号	说明
1		动合（常开）触点 开关的一般符号	9		当操作器件被释放时，暂时闭合的过渡动合
2		动断（常闭）触点	10		当操作器件被吸合或释放时，暂时闭合的过渡动合触点
3		先断后合的转换触点	11		（多触点组中）比其他触点提前吸合的动合触点
4		中间断开的双向转换触点	12		（多触点组中）比其他触点滞后吸合的动合触点
5		先合后断的转换触点	13		（多触点组中）比其他触点滞后释放的动合触点
6		双动合触点	14		（多触点组中）比其他触点提前释放的动合触点
7		双动断触点	15		当操作器件被吸合时，延时闭合的动合触点
8		当操作器件被吸合时，暂时闭合的过渡动合触点	16		当操作器件被释放时，延时断开的动合触点

序号	图形符号	说明	序号	图形符号	说明
17		当操作器件被吸合时，延时断开的动断触点	31		热敏开关动合触点
18		当操作器件被放时，延时闭合动断触点	32		热敏开关动断触点
19		当操作器件吸合时，延时闭合，释放时延时断开的动合触点	33		热敏自动开关动断触点
20		无自动返回的动合触点	34		具有热元件的气体放电管
21		有自动返回的动合触点	35		开关
22		有自动返回的动断触点	36		接触器动合触点
23		上边有自动返回，下边无自动返回的中间断开的双向触点	37		具有由内装测量继电器或脱扣器触发的自动释放功能的接触器
24		手动操作开关	38		接触器动断触点
25		具有动合触点且自动复位的按钮开关	39		断路器
26		具有动合触点且自动复位的拉拂开关	40		隔离开关
27		具有动合触点但无自动复位的旋转开关	41		具有中间断开开关位置的双向隔离开关
28		具有正向操作的动合触点的按钮开关如报警开关	42		负荷开关（负荷隔离开关）
29		位置开关动合触点	43		具有由内装测量继电器或脱扣器触发的自动释放功能的负荷开关
30		位置开关动断触点	44		自动脱扣机构

续表

序号	图形符号	说明	序号	图形符号	说明
45		电动机启动器	55		热继电器的驱动器件
46		步进启动器	56		电子继电器的驱动器件
47		调节启动器	57		操作元件 继电器线圈
48		交流继电器的线圈	58		熔断器式开关
49		操作元件继电器线圈	59		熔断器式隔离开关
50		具有两个独立绕组的操作器件的组合表示法	60		熔断器式负荷开关
51		具有两个独立绕组的操作器件的分立表示法	61		避雷器
52		缓慢释放继电器的线圈	62		带机械连杆的熔断器
53		缓慢吸合继电器的线圈	63		剩磁继电器的线圈
54		缓吸和缓放继电器的线圈			

第三节　电气图识读、绘制

为更好地识读和绘制电气图，需要理解并识读原理接线图、展开接线图、安装接线图、接线图和接线表。本节包含原理接线图、展开接线图、安装接线图、接线图和接线表、主接线图等部分。

一、原理接线图

（一）原理接线图的概念

二次接线的原理接线图是用来表示二次接线中各二次设备元件的电气连接及其工作原理的电气回路图。

（二）原理接线图的特点和绘制要求

（1）原理接线图即将二次接线和一次接线的相关部分画在一起，且电气元件以整体的形式表示（线圈与触点画在一起）。

（2）原理接线图一般用统一的标准图形和文字符号表示，按动作顺序画出，便于分析整套装置的动作原理。

（3）同一设备在两张图内表示时，应在一张图内表示设备的所有线圈及接点，并注明不在本图中的接点用途，在另一图中表示接点来源。

（4）对有方向性的设备应标注极性。

（5）原理接线图的缺点是不能表明元件的内部接线、端子标号及导线连接方法等，因此不能作为施工图纸。

（三）识读方法

原理接线图必须根据其特点进行识读。原理接线图以电气元件整体形式表示，能表明各二次设备的构成、数量及电气连接情况，图形直观形象，便于理解。但对于复杂的接线方式，以整体形式表示较为困难，且回路不清晰。在原理接线图中主电路和辅助电路、交流回路和直流回路、控制回路和信号回路交错在一起。因此识读原理接线图的关键是看清回路，而看清回路必须找准电源。

图 3-3-1 为 6～10kV 线路定时限过电流保护原理接线图。图中 QF 是断路器、KT 是时间继电器、KS 是信号继电器、KM 是中间继电器、YT 是跳闸线圈。一次设备由母线、隔离开关 QS、断路器 QF 和电流互感器 TA1 组成，电流互感器为不完全星形连接。二次回路由电流继电器 KA1、KA2，时间继电器 KT，保护出口继电器 KM，信号继电器 KS，连接片 XB 组成。电路原理分析如下：

1. 找清回路

（1）交流回路：TA1 的 A 相（图 3-3-1）经 KA1 电流继电器线圈、TA1 的 C 相经 KA2 电流继电器线圈启动回路。

（2）直流回路：直流正电源经并联的 KA1、KA2 动合触点及 KT 线圈至负电源，是时间继电器启动回路；直流正电源经 KT 的触点、KS 的线圈、KM 的线圈至负电源，是保护出口继电器和信号继电器启动回路；直流正电源经 KS 的触点至信号装置，启动信号；直流正电源经 KM 的触点、XB、QF 触点、YT 跳闸线圈至负电源，跳闸回路。

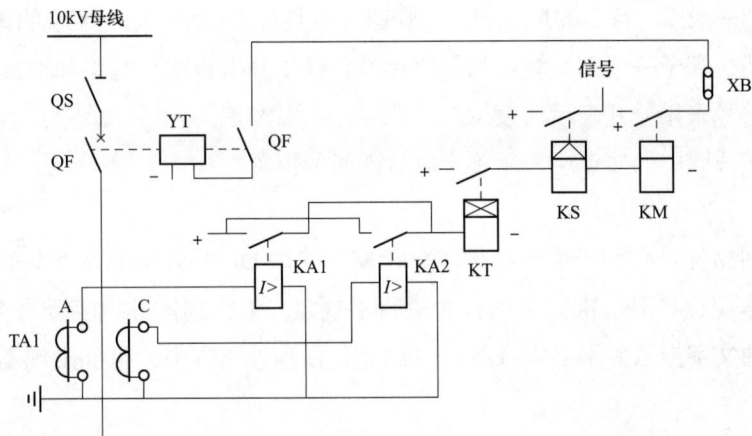

图 3-3-1　6～10kV 线路定时限过电流保护原理接线图

2. 按照电流流向顺序分析

L1、L2 相间短路时，一次侧通过短路电流。当 TA1 二次电流大于 KA1 的整定值时，KA1 动合触点闭合，启动 KT，KT 延时动合触点闭合，启动 KM，YT 跳闸线圈动作，使断路器跳闸。

由图 3-3-1 可见，原理接线图对一次接线，仅将与二次接线直接有关的部分（如电流互感器），以三线图的形式表示，其余以单线图的形式表示。二次接线部分应表示出交流回路的全部，直流回路的电源可只标出正、负两极。所有电气设备都用国家统一规定的相应的图形符号表示。它们之间的联系应按照实际的连接顺序画出。

原理接线图表明二次设备的工作原理和装置构成，可作为二次接线设计的原始依据。由于原理接线图没有标明具体的接线端子和回路编号，直流部分仅标出电源的极性，因此不能直接用于施工。在现场工作中广泛应用展开接线图，因此现场常把展开接线图直接称为原理接线图。

二、展开接线图

（一）展开接线图的概念

展开接线图是将二次设备按其线圈和触点的接线回路展开分别画出，组成多个独立回路，是安装、调试和检修的重要技术图纸，也是绘制安装接线图的主要依据。展开接线图是根据原理接线图绘制的。

（二）展开接线图的特点和绘制要求

（1）按不同电源回路划分成多个独立回路。例如：交流回路，又分电流回路和电压回路，都是按 A、B、C、N 相序分行排列的；直流回路，又分控制回路、合闸回路、测量回路、保护回路和信号回路等；在这些回路中，各继电器（装置）的动作顺序是自上而下、自左至右排列的。

（2）展开图一般以"行"的形式表达。在图的右侧对应位置，以文字说明该回路的用途。

（3）各导线、端子一般都有统一的回路标号，便于分类查线、施工和维修。

（4）元件符号采用分开表示法表示。

（5）展开接线图中的接点应表示不带电状态时的位置。

（三）展开图中的回路标号

由于二次回路标号有利于设计、施工、检修，我国 DL/T 5136《火力发电厂、变电站二次接线设计技术规程》对二次回路的标号进行了规定。但根据国际电工委员会（IEC）的精神，二次回路的文字标号并不必需及统一。因此，在涉外工程中，可能出现不标号或标号不统一的情况。

展开图中，一般只对引至端子排的回路标号。在电气回路中交于一点的全部导线都用同一标号。标号采用回路标识加序号表示。常用导线的回路标识见表 3-3-1。序号起区别作用，如直流回路常用序号：正极导线为 01；负极导线为 02；合闸导线为 03；跳闸导线为 33。详细回路标号见 DL/T 5136《火力发电厂、变电站二次接线设计技术规程》。

表 3-3-1 常用导线的回路标识

序号	回路名称	标识	序号	回路名称	标识
1	保护用直流	0	8	发电机调速回路	99
2	−Q1～−Q4 的控制用直流	1～4	9	其他回路	9
3	励磁回路	6	10	交流回路	A、B、C、N
4	信号回路	7	11	交流电压回路	A6、A7 等
5	断路器遥信回路	80	12	交流电流回路（测量、保护）	A1、A2 等
6	断路器机构回路	87	13	交流母差电流回路	A3 等
7	隔离开关闭锁回路	88			

图 3-3-2 是 10kV 线路过电流保护展开接线图。图右侧为与二次接线有关的一次接线图，左边为保护回路展开图。交流电流回路、直流电流回路和信号回路分开绘制，各回路分"行"表示，各"行"右侧加文字说明。图中继电器用分开表示法表示，如电流继电器 KA1 线圈在交流回路，触点在直流回路。图中回路标号"A411""C411""N411"为保护装置电流回路 A 相、C 相和中性线。

（四）识读方法

展开接线图必须根据其特点进行识读。识读时可参照原理接线图对展开图从左向右、自上而下分析。

（1）弄清楚图中元件的工作原理和工作方式。

（2）按"行"逐回路顺序读通，有时性质不同的回路交错画在一起，要跳过无关的回路，把与这个回路有联系的所有回路都找到，一起分析。

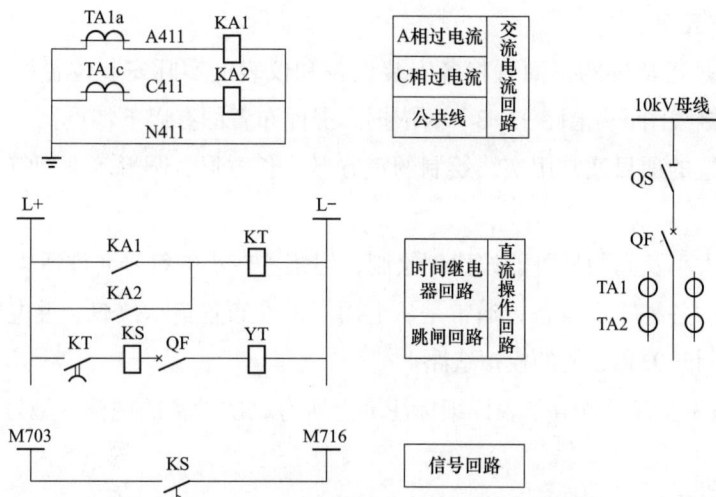

图 3-3-2 10kV 线路过电流保护展开接线图

（3）展开接线图以电气元件分开表示法表示，因此要先找继电器线圈的启动回路，然后找全该继电器的触点回路。

下面分析图 3-3-2 的工作原理：

1）交流回路。电流互感器 TA1 的二次绕组为该回路的电源，在 A、C 相各接入一只电流继电器线圈 KA1、KA2，由中性线 N411 连成交流回路，构成不完全星形接线。

2）直流回路。电流继电器的动合触点 KA1、KA2 并联启动时间继电器 KT 的线圈。第二行为断路器跳闸回路。信号回路 M703、M716 为"掉牌未复归"光字牌小母线。

3）整套保护装置动作分析。当线路发生短路时，电流互感器 TA1 的一次侧有短路电流流过，其二次绕组流过相应电流 I_2，电流继电器 KA1 或 KA2 动作。在直流回路中，短路相电流继电器 KA1 或 KA2 的动合触点闭合，接通时间继电器回路 KT 的线圈回路，KT 延时闭合的动合触点经一定时限后闭合，接通断路器跳闸回路（断路器动合辅助触点在断路器 QF 合闸时是闭合的），断路器跳闸线圈 YT 和信号继电器 KS 线圈中有电流流过，使断路器跳闸，切断故障线路，同时信号继电器 KS 动作发出信号并掉牌。在信号回路中的带自保持的动合触点闭合，光字牌点亮，显示"掉牌未复归"灯光信号。

展开接线图接线关系清晰，动作顺序层次分明，便于读图和分析。

三、安装接线图

安装接线图是控制、保护屏等生产加工和现场安装施工用的图纸。安装接线图根据展开接线图绘制。安装接线图包括屏面布置图、屏背面接线图和端子排图。安装接线图中各种设备、仪表、继电器、开关、指示灯等元器件及连接导线，都是按照它们的实际位置和连接关系绘制的，为了施工和运行检修的方便，设备的端子和连线按"相对编号法"的原则标注。安装接线图最具体、最详细，是运行、试验、检修的主要参考图纸，是按图施工的工程图。

（一）屏面布置图

屏面布置图是指从屏的正面看将各安装设备和仪表的实际安装位置按比例画出的正视图，它是屏背面接线图（见图3-3-3）的依据。屏面布置图有以下特点：

（1）屏面布置的项目通常用实线绘制的正方形、长方形、圆形等框型符号或简化外形符号表示。

（2）符号的大小及间距尽可能按比例绘制，但某些较小的符号允许适当放大绘制。

（3）屏面上的各种二次设备，通常是从上而下依次布置指示仪表、继电器、信号灯、光字牌、按钮、控制开关和必要的模拟线路。

（4）图3-3-3上有设备清单表详细标注屏上所有二次设备的规格、型号、数量等。

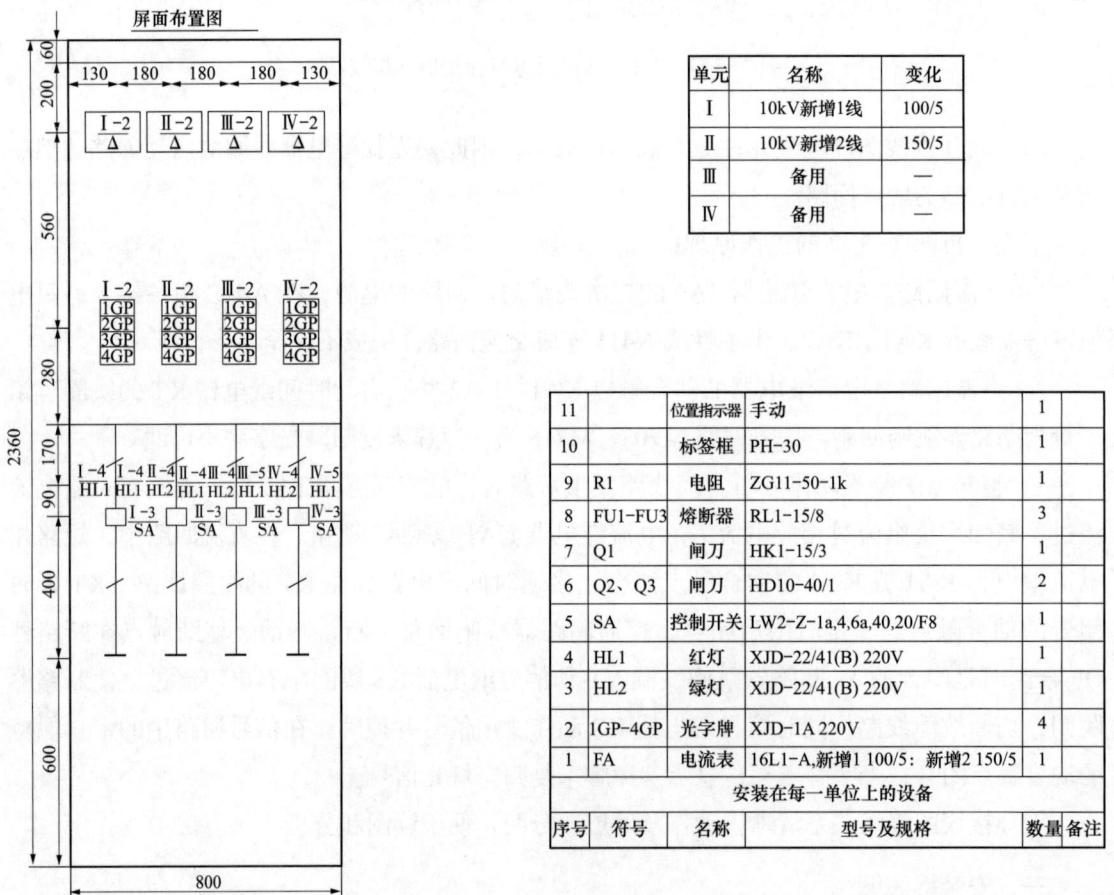

单元	名称	变化
I	10kV新增1线	100/5
II	10kV新增2线	150/5
III	备用	—
IV	备用	—

11		位置指示器	手动	1	
10		标签框	PH-30	1	
9	R1	电阻	ZG11-50-1k	1	
8	FU1-FU3	熔断器	RL1-15/8	3	
7	Q1	闸刀	HK1-15/3	1	
6	Q2、Q3	闸刀	HD10-40/1	2	
5	SA	控制开关	LW2-Z-1a,4,6a,40,20/F8	1	
4	HL1	红灯	XJD-22/41(B) 220V	1	
3	HL2	绿灯	XJD-22/41(B) 220V	1	
2	1GP-4GP	光字牌	XJD-1A 220V	4	
1	FA	电流表	16L1-A,新增1 100/5；新增2 150/5	1	
安装在每一单位上的设备					
序号	符号	名称	型号及规格	数量	备注

图 3-3-3　屏面布置图

（二）屏背面接线图

屏背面接线图是表示屏内设备之间、设备与端子及端子与端子之间连接关系的图。屏背面接线图的视图方向是从背面向正面。屏背面接线图是以屏面布置图和展开接线图为依据绘制的接线图。屏背面接线图一般由制造厂绘制，并随产品一起提供给订货单位。

1. 屏背面接线图的布置

屏背面接线图的布置有其特点和相关要求：

（1）屏背面看不见的正面安装设备用虚线表示。

（2）屏背面布置图中各设备图形的上方用圆圈符号标号。圆圈上半部分标安装设备及序号，下半圆圈标设备的文字符号，圆圈下标设备规格型号，屏背面接线图中设备的标示如图 3-3-4 所示。

2. 相对编号法

由于二次设备很多、很复杂，实际工作中普遍采用相对编号法表示设备之间的相互连线。相对编号法就是导线连接的两个端子旁都标注对侧的端子编号。根据图纸，屏上每个设备的任一端子都能找到与其连接的对象。如某一端子旁没有标号，说明该端子是空的；如果某一端子旁标有两个标号，就说明该端子有两条连线，有两个连接对象。

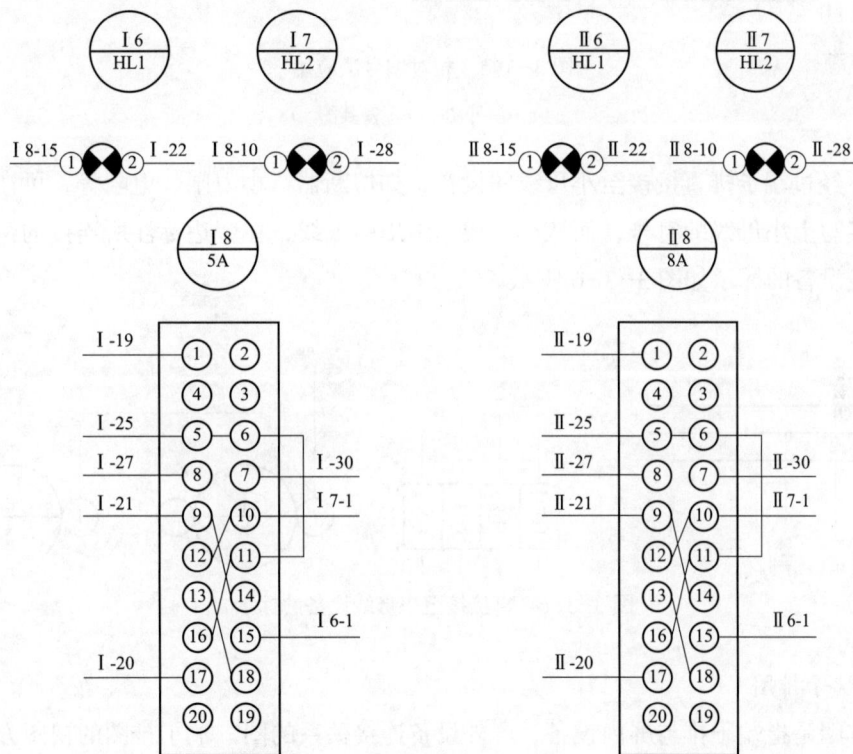

图 3-3-4　屏背面接线图中设备的标示

图 3-3-5 中（a）为展开接线图，图 3-3-5（b）与图 3-3-5（a）对应的背视图和端子排图。图 3-3-5（b）中继电器 KA1 和 KA2 的设备编号为Ⅰ1 和Ⅰ2。背视图中有继电器 KA1 和 KA2 的内部接线和端子号。端子排的最上一格中标出了安装单位编号"Ⅰ"和安装单位名称"10kV 线路保护"。从电流互感器 TA 引来的三根电缆芯接端子排 1-3 号端子外侧。在端子排的外侧分别标上了回路编号 A411、C411、N411 及电流互感器的字符号。在端

子排的 1 号端子内侧标Ⅰ1-2，表示接 KA1 的端子 2。其余类同。

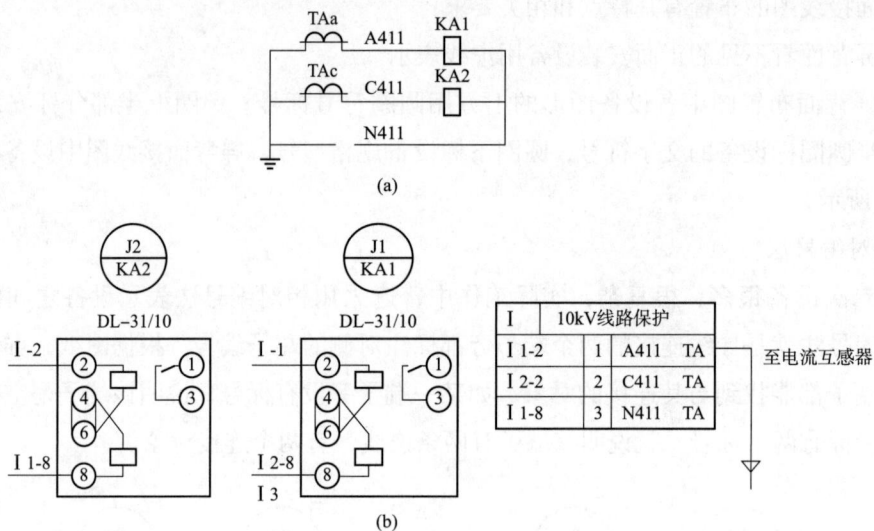

图 3-3-5　相对编号法应用

（a）展开图；（b）安装图

对于不经过端子排直接接至小母线的设备，如熔断器、小刀闸、电阻等，可在该设备的端子上直接写上小母线的符号，而从小母线上画出引下线，在旁边标注所连接的符号，直接接至小母线设备的标示如图 3-3-6 所示。

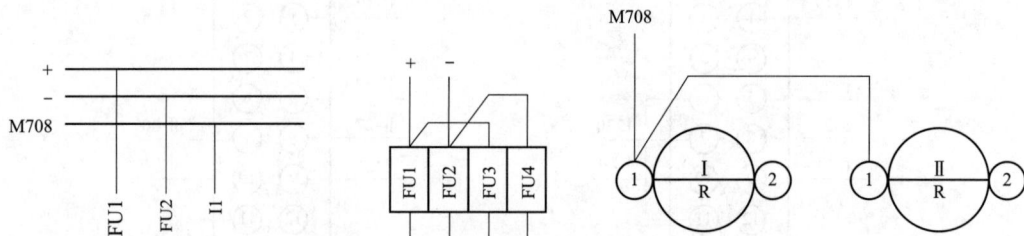

图 3-3-6　直接接至小母线设备的标示

（三）端子排图

端子排图是指端子排与屏内设备、屏外设备连接关系的图。端子排图的视图方向是从背面向正面。端子排图需表明端子类型、数量及排列顺序。

1. 端子排布置

端子排装有多个端子。电气装置或设备中的端子排通常是按安装单位分别设置的。端子排的排列方法一般应遵守以下规则。

（1）屏内与屏外二次回路的连接、屏内各安装单位之间的连接和转接均应经过端子排。

（2）电流回路应经过试验端子。预告及事故信号回路和其他须断开的回路，一般经过特殊端子或试验端子。

（3）端子排配置应满足运行、检修、调试的要求，并尽可能与屏上设备的位置对应。每个安装单位应有其独立的端子排，并按交流电流回路、交流电压回路、信号回路、控制回路、其他回路顺序排列。同一屏上有几个安装单位时，各安装单位端子排的排列应与屏面布置相配合。

（4）每个安装单位的端子排应编号，尽可能在最后留2~5个端子备用。条件许可，各组端子之间宜留1~2个端子备用。在端子排两端应留有终端端子。

（5）正负电源之间的端子排，以及经常带电的正电源与合闸或跳闸回路之间的端子排，一般以一个空端子隔开。

端子排表示方法如图3-3-7所示。

2. 电缆编号

为区分不同电缆，对电缆进行编号。电缆数字编号方法见表3-3-2。数字编号由百位数字组成，以不同的途径分组，但数字不够用时，可将百位数改为2或3。表3-3-2中电缆号是针对每个安装单位（如主控室、电动机），不是指全所电缆。

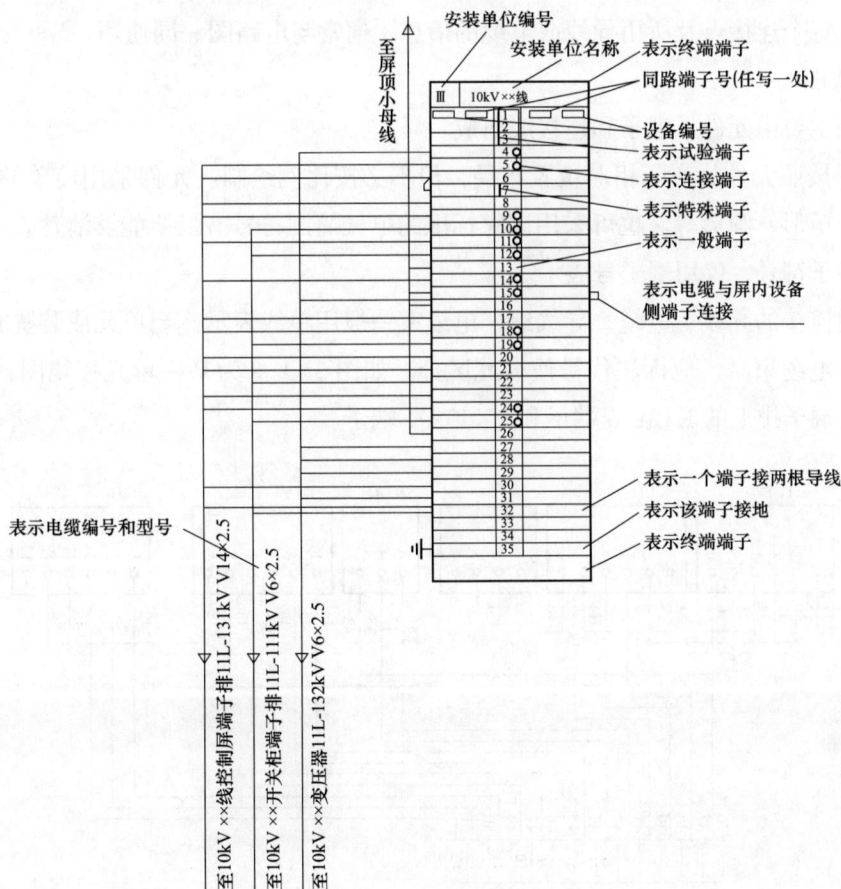

图3-3-7 端子排表示方法

表 3-3-2　　　　　　　　　　　电缆数字编号方法

序号	电缆起止点	电缆号	可增加电缆号
1	主控制室到各处电缆	100-129	200-229，300-329
2	主控制室内屏间联系电缆	130-149	230-249，330-349
3	电动机及厂用配电装置电缆	150-159	250-259，350-359
4	出线小室电缆	160-179	260-279，360-379
5	配电装置内联系电缆	180-189	280-289，380-389
6	变压器处联系电缆	190-199	290-299，390-399

四、接线图和接线表

（一）接线图和接线表的通用规则

接线文件提供各个项目，如元件、器件、组件和装置之间实际连接的信息，主要用于设备的装配、安装和维修。接线文件一般采用简图和表格形式，称为接线图和接线表。接线文件中包含了每个连接点及所用导线或电缆的信息，通常与电路图一同使用。

1. 接线图

接线图主要由元件、端子和连接线组成。

接线图按照元件的实际相对位置布局，但不必按比例绘制。元件采用简单的轮廓表示，如正方形、矩形、圆形等。也可采用国家标准的电气简图符号。只要能够清楚表达端子，不需要标示端子符号，仅用端子号表示。

端子间连接的导线、电缆、导线组、电缆束一般用单线表示。当单元或装置有多个导线组、电缆、电缆束时，应标注代号使彼此区分。如图 3-3-8 为某一单元接线图，标号为 40 的导线连接端子排上的 K12：6 端子和 -K13：1 端子。

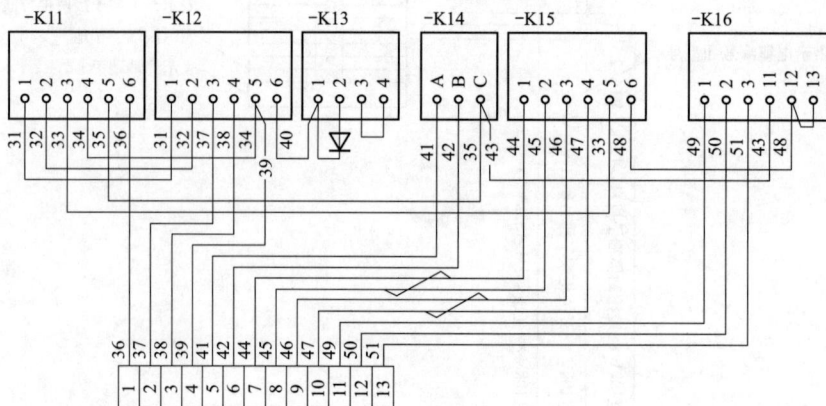

图 3-3-8　单元接线图

2. 接线表

（1）接线表的格式。接线表有两种格式，一种以端子为主，一种以连接线为主。

项目代号	段子代号	电缆号	芯线号
-X1	:11	-W136	1
	:12	-W137	1
	:13	-W137	2
	:14	-W137	3
	:15	-W137	4
	:16	-W137	5
	:17	-W136	2
	:18	-W136	3
	:19	-W136	4
	:20	-W136	5
	:PE	-W136	PE
	:PE	-W137	PE
	备用	-W137	6

+A4	
345778	

图 3-3-9　项目代号 -X1 的端子接线表

以端子为主的格式中，要按照元件和端子依次排列。如图 3-3-9 所示为项目代号 -X1 的端子接线表。

以连接线为主的格式中，要按连接线依次排列，同一电缆的芯线排在一起。以连接线为主的两个端子接线表如图 3-3-10 所示。

（2）接线表的表示方法。在接线表中元件用项目代号表示，端子用标示在元件上的端子代号表示。如果生产厂没有给元件端子标示代号，可任意设定，但必须统一，即同一端子在接线文件中使用相同的代号。

电缆号	芯线号	端子代号	远端标记	备注
-W136			+B4	
	PE	-X1:PE	-X1:PE	
	1	-X1:11	-X1:33	
	2	-X1:17	-X1:34	
	3	-X1:18	-X1:35	
	4	-X1:19	-X1:36	
	5	-X1:20	-X1:37	备用
-W137			+B5	
	PE	-X1:PE	-X1:PE	
	1	X1:12	-X1:26	
	2	-X1:13	-X1:27	
	3	-X1:14	-X1:28	
	4	-X1:15	-X1:29	
	5	-X1:16	–	备用
	6	–	–	备用

234567	

电缆号	芯线号	端子代号	远端标记	备注
-W137			+A4	
	PE	-X1:PE	-X1:PE	
	1	-X1:26	-X1:12	
	2	-X1:27	-X1:13	
	3	-X1:28	-X1:14	
	4	-X1:29	-X1:15	
	5	–	-X1:16	备用
	6			备用

+B5	
234567	

图 3-3-10　以连接线为主的两个端子接线表

（二）单元接线图和单元接线表

单元接线图和接线表提供一个单元或单元组内部连接所需的全部信息，一般不包括单元外部连接的信息，有时也提供单元互连的检索标记。端子排列与实际元件相同。当元件叠装几层时，为了便于识图，常用翻转、旋转或移开的方法表示，并加注说明。

（三）互连接线图和接线表

互连接线图和互连接线表提供不同结构单元之间的连接信息。图 3-3-11 为单线法表示的互连接线图，图中 +A、+B、+C 表示三个不同的单元。

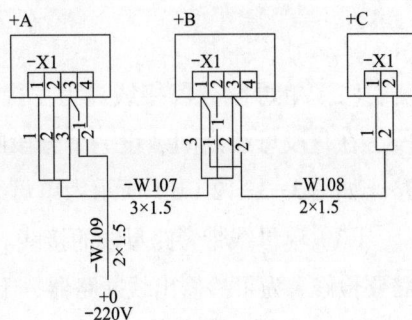

图 3-3-11　单线法表示的互连接线图

61

五、主接线图

（一）电气主接线的概念

电气主接线是由高压电器通过连接线，按其功能要求组成接受和分配电能的电路，称为传输强电流、高电压的网络，又称一次接线。用规定的设备文字和图形符号并按工作顺序排列，详细地表示电气设备或成套设备装置的全部基本组成和连接关系的单线接线图，称为主接线电路图，简称主接线图。

（二）主接线图的绘制要求

（1）主接线图中各种电气设备、材料均应注明型式、主要规范，主要元件应注明名称编号，尽可能与运行单位的习惯一致。

（2）主接线图一般用单线图表示，为说明相别或三相设备不一致时可用三线图表示。

（3）主接线图应区分本期和原有部分，且应按远景规划在右上角标出远景接线图。

（4）主接线图的范围包括各级电压出线及高压厂用变压器，表明厂用各级电压的工作电源与备用电源的连接，并规范标注开关柜型号、方案编号、间隔编号、柜内设备。

（三）典型接线方式

1. 单母线接线

（1）单母线接线。单母线接线的特点是整个配电装置只有一组母线，每个电源线和引出线都经过开关电器接到同一组母线上。如图 3-3-12（a）所示为单母线接线。

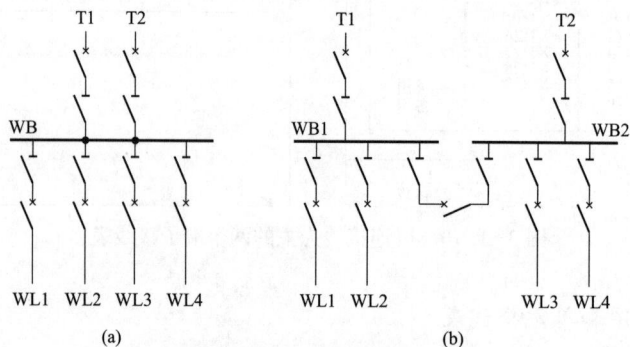

图 3-3-12　单母线接线

（a）单母线接线；（b）单母线分段接线

（2）单母线分段接线。为了提高单母线的供电可靠性和灵活性，可以把单母线分成几段，在每段母线之间装设一个分段断路器和两个隔离开关。每段母线上均接有电源和出线回路。如图 3-3-12（b）所示为单母线分段接线。

（3）单母线带旁路母线的接线。断路器经过长期运行和切断数次短路电流后按规程规定都需要检修。为了检修出线断路器，不中断供电，可增设旁路母线和旁路断路器。单母线带旁路接线如图 3-3-13 所示，W2 为旁路母线，QF2 为旁路断路器。检修时，可通过旁路断路器供电。

2. 双母线接线

双母线的两组母线同时通过母线联络断路器并联运行，电源与负荷平均分配在两组母线上。双母线接线如图 3-3-14 所示，两组母线为 W1、W2，QF 为母线联络断路器。

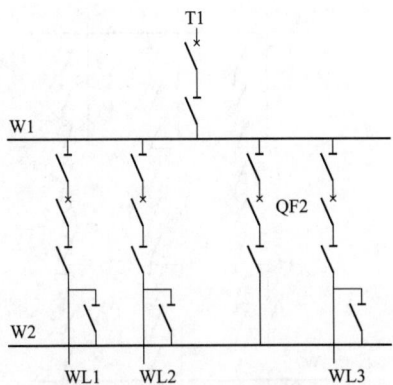

图 3-3-13　单母线带旁路接线

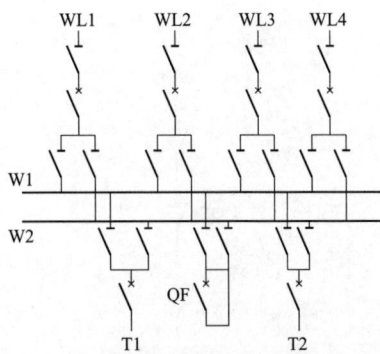

图 3-3-14　双母线接线

当进出线回路较多时，还有双母线分段、双母线带旁路等接线方式。

3. 桥型接线

桥型接线按断路器的位置分为内桥接线和外桥接线。

（1）内桥接线。图 3-3-15 为内桥接线图。跨接桥（断路器 QF3）靠近变压器侧，可以提高输电线路的灵活性。如线路 WL2 检修时，可断开 QF2，T2 通过桥开关从 WL1 受电。

（2）外桥接线。图 3-3-16 为外桥接线图。跨接桥（断路器 QF3）靠近线路侧，方便变压器的投切，适用于线路短、变压器操作较多的情况。

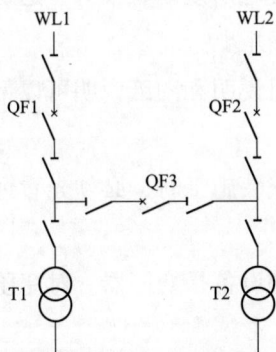

图 3-3-15　内桥接线

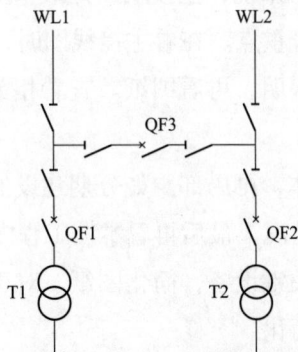

图 3-3-16　外桥接线

4. 单元接线

（1）变压器-线路单元接线。变压器-线路单元接线是接线最简单、设备最少的接线方式，如图 3-3-17 所示。

（2）发电机－变压器单元接线。发电机－变压器单元接线是大型电厂采用的简单可靠的接线方式。一台半断路器接线如图 3-3-18 所示，发电机与双绕组变压器组成单元接线，发电机出口不装设断路器，为调试发电机方便可装设隔离开关。

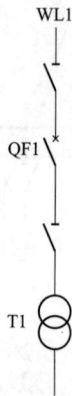

图 3-3-17　变压器－线路单元接线

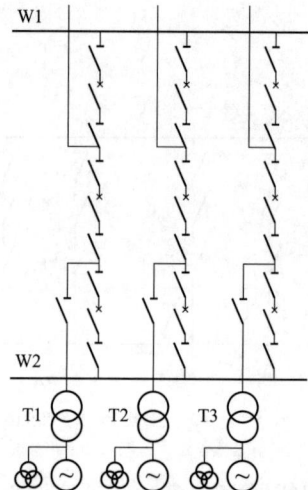

图 3-3-18　一台半断路器接线

5. 一台半断路器接线

一台半断路器是一种没有多回路集结点，一个回路由两台断路器供电的双重连接的多环形接线，是现代国内外大型电厂和变电所超高压配电装置广泛应用的一种接线。这种接线至少应有三串（每串为三台断路器，接两个回路），将电源线路和负荷线路配成一串。

（四）主接线图识读

对于变电所来说，主接线图是最重要的图纸。在变电所规划、设计、运行过程中，都是抓住主接线这个重点。在看主接线图时，一般采用以下几步：

（1）先看说明，再看图纸。查看相关说明书、分册说明和图纸说明可以帮助人们理解图纸内容。

（2）先整体，再局部。如分期建设的变电所，在安装施工时，必须先看远景接线，然后看现有的接线情况，最后再看本期工程内容。

（3）抓住关键设备，简化图纸。对于变电所，关键设备是变压器。对变压器各侧配电装置可逐个单独简化。

（4）根据电流分配方向，逐元件分析。在主接线图中，一般将相关元件的型号、参数等标注在元件图形符号旁。当图形复杂、回路较多，限于图幅，无法标注时，一般另外单独绘制详图、识读时必须找准对应关系。

第四节 工 程 图 形

工程图形是工程界的技术语言,是表达和交流技术思想的重要工具,也是工程技术部门的一项重要技术文件。为了便于电站人员掌握正确的识读方法,提高识图能力,本节对表面粗糙度和公差两部分进行介绍。

一、表面粗糙度

表面粗糙度是指加工表面具有的较小间距和微小峰谷的不平度。其两波峰或两波谷之间的距离(波距)很小(在 1mm 以下),它属于微观几何形状误差。表面粗糙度越小,则表面越光滑。

表面粗糙度一般是由所采用的加工方法和其他因素所形成的,例如加工过程中刀具与零件表面间的摩擦、切屑分离时表面层金属的塑性变形,以及工艺系统中的高频振动等。由于加工方法和工件材料的不同,被加工表面留下痕迹的深浅、疏密、形状和纹理都有差别。

表面粗糙度与机械零件的配合性质、耐磨性、疲劳强度、接触刚度、振动和噪声等有密切关系,对机械产品的使用寿命和可靠性有重要影响。一般标注采用 Ra。表面粗糙度对零件的影响主要表现在以下几个方面:

(1)影响耐磨性。表面越粗糙,配合表面间的有效接触面积越小,压强越大,摩擦阻力越大,磨损就越快。

(2)影响配合的稳定性。对间隙配合来说,表面越粗糙,就越易磨损,使工作过程中间隙逐渐增大;对过盈配合来说,由于装配时将微观凸峰挤平,减小了实际有效过盈,降低了连接强度。

(3)影响疲劳强度。粗糙零件的表面存在较大的波谷,它们像尖角缺口和裂纹一样,对应力集中很敏感,从而影响零件的疲劳强度。

(4)影响耐腐蚀性。粗糙的零件表面,易使腐蚀性气体或液体通过表面的微观凹凸渗入到金属内层,造成表面腐蚀。

(5)影响密封性。粗糙的表面之间无法严密地贴合,气体或液体通过接触面间的缝隙渗漏。

(6)影响接触刚度。接触刚度是零件结合面在外力作用下,抵抗接触变形的能力。机器的刚度在很大程度上取决于各零件之间的接触刚度。

(7)影响测量精度。零件被测表面和测量工具测量面的表面粗糙度都会直接影响测量的精度,尤其是在精密测量时。

国家标准规定表面粗糙度代号由规定的符号和有关参数组成。表面粗糙度代号见表 3-4-1。

表 3-4-1   表面粗糙度代号

序号	符号	意义
1	√	基本符号，表示表面可用任何方法获得。当不加注粗糙度参数值或有关说明时，仅适用于简化代号标注
2	√	表示表面是用去除材料的方法获得，如车、铣、钻、磨等
3	√	表示表面是用不去除材料的方法获得，如铸、锻、冲压、冷轧等
4	√ √ √	在上述三个符号的长边上可加一横线，用于标注有关参数或说明
5	√ √ √	在上述三个符号的长边上可加一小圆，表示所有表面具有相同的表面粗糙度要求
6	3.5 ∕60° ∞	当参数值的数字或大写字母的高度为 2.5mm 时，粗糙度符号的高度取 8mm，三角形高度取 3.5mm，三角形是等边三角形。当参数值不是 2.5 时，粗糙度符号和三角形符号的高度也将发生变化

符号和参数的注写方向如表 3-4-1 所示。当零件大部分表面具有相同的表面粗糙度时，对其中使用最多的一种符号、代号可统一标注在图样的右上角，并加注"其余"两字，统一标注的代号及文字高度，应是图形上其他表面所注代号和文字的 1.4 倍。不同位置表面代号的注法：符号的尖端必须从材料外指向表面，代号中数字的方向与尺寸数字方向一致。

表面粗糙度对零件使用情况有很大影响。一般说来，表面粗糙度数值小，会提高配合质量，减少磨损，延长零件使用寿命，但零件的加工费用会增加。因此，要正确、合理地选用表面粗糙度数值。在设计零件时，表面粗糙度数值的选择，是根据零件在机器中的作用决定的。

总的原则是在保证满足技术要求的前提下，选用较大的表面粗糙度数值。具体选择时，可以参考下述原则：

（1）工作表面比非工作表面的粗糙度数值小。

（2）摩擦表面比不摩擦表面的粗糙度数值小。摩擦表面的摩擦速度越高，所受的单位压力越大，则粗糙度越高；滚动摩擦表面比滑动摩擦表面要求粗糙度数值小。

（3）对间隙配合，配合间隙越小，粗糙度数值应越小；对过盈配合，为保证连接强度的牢固可靠，载荷越大，要求粗糙度数值越小。一般情况，间隙配合比过盈配合粗糙度数值要小。

（4）配合表面的粗糙度应与其尺寸精度要求相当。配合性质相同时，零件尺寸越小，则粗糙度数值越小；同一精度等级，小尺寸比大尺寸粗糙度数值小，轴比孔粗糙度数值小。

（5）受周期性载荷的表面及可能会发生应力集中的内圆角、凹稽处粗糙度数值应较小。

二、公差

（一）尺寸

（1）公称尺寸：设计时给定的尺寸，称为公称尺寸。

（2）实际尺寸：零件加工后经测量所得到的尺寸，称为实际尺寸。

（3）极限尺寸：实际尺寸允许变化的两个界限值称为极限尺寸。它以基本尺寸确定。上极限尺寸：允许零件尺寸变化的最大尺寸。下极限尺寸：允许零件尺寸变化的最小尺寸。

（二）公差与偏差

1. 偏差

零件实际尺寸减去其公称尺寸所得到的代数差，称为偏差。上、下极限偏差统称为极限偏差。上极限偏差：上极限尺寸减其公称尺寸所得的代数差。下极限偏差：下极限尺寸减其公称尺寸所得的代数差。

轴的上、下极限偏差代号用小写字母 es、ei 表示，孔的上、下极限偏差用大写字母 ES、EI 表示。

2. 尺寸公差（简称公差）

$$尺寸公差 = 上极限尺寸 - 下极限尺寸 = 上偏差 - 下偏差$$

（三）公差带

（1）公差带。代表上、下极限偏差或上极限尺寸和下极限尺寸的两条直线所限定的一个区域，称为公差带。

（2）公差带图。表示公称尺寸和尺寸公差大小、位置的图形，称为公差带图。

（3）中性线。在公差带图中，确定偏差位置的一条基准直线，称为零偏差线。在中性线左端标上"0"和"+""−"号。

（四）标准公差和基本偏差

（1）标准公差是指在 GB/T 1800《产品几何技术规范（GPS）线性尺寸公差 ISO 代号体系》系列标准公差与配合制中所规定的任一公差值。标准公差等级代号用符号"IT"和数字组成，分为 IT01、IT0、IT1、IT2、…、IT18，共 20 个等级。从 IT01 到 IT18 等级依次降低。精确度越高，公差值越小。同一公差等级（例如 IT7）对所有公称尺寸的一组公差被认定具有相同的精确程度。IT01～IT11 用于配合尺寸，IT12～IT18 用于非配合尺寸。

（2）基本偏差。基本偏差是确定公差带相对于中性线位置的上极限偏差或下极限偏差，一般指靠近中性线的那个偏差。当公差带位于中性线上方时，其基本偏差为下极限偏差；当公差带位于中性线下方时，其基本偏差为上极限偏差。基本偏差系列如图 3-4-1 所示。

（3）基本偏差系列。根据实际需要，国家标准规定了基本偏差系列，孔和轴各有 28 种基本偏差代号，大写字母表示孔的基本偏差代号，小写字母表示轴的基本偏差代号。

从图 3-4-1 可见，孔 A～H 基准偏差为下极限偏差（正值），轴 a～h 的极限偏差为上极限偏差（负值），它们的绝对值依次减小，其中，h、H 的基本偏差为零。

孔 J～ZC 基本偏差为上极限偏差（负值，J 相当于 0 除外），轴 j～zc 基本偏差为下极限偏差（正值，j 相当于 0 除外），其绝对值依次增大。

图中基本偏差只表示公差带的位置，不表示公差带的大小，故公差带一端化成开口。国

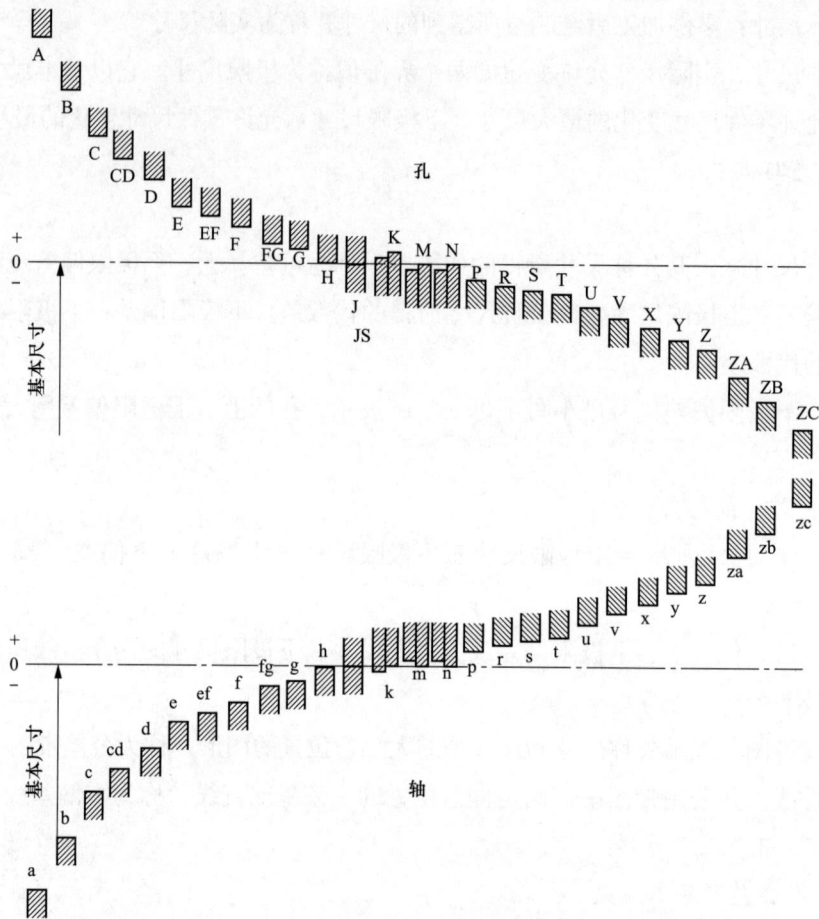

图 3-4-1　基本偏差系列

家标准对不同的基本尺寸和基本偏差规定了轴和孔的基本偏差数值。

公差带代号用基本偏差代号的字母和标准公差等级代号中的数字表示，例如，H8 表示基本偏差代号 H、公差等级为 8 级的孔公差带代号；f7 表示基本偏差代号 f，公差等级为 7 级的轴公差带代号。

（五）配合

公称尺寸相同的互相配合的孔和轴公差带之间的关系称为配合。

1. 配合的种类

当孔、轴配合时，若孔的尺寸减去相配合的轴的尺寸为正，孔、轴之间存在着间隙；若孔的尺寸减去相配合的轴的尺寸为负，孔、轴之间存在着过盈。根据不同的工作要求，孔、轴之间的配合分为三类。

（1）间隙配合。一批孔和轴任意装配，均具有间隙（包括最小间隙等于零）的配合为间隙配合。这时，孔的公差带在轴的公差带之上，如图 3-4-2（a）所示。当相互配合的两零件有相对运动时，采用间隙配合。

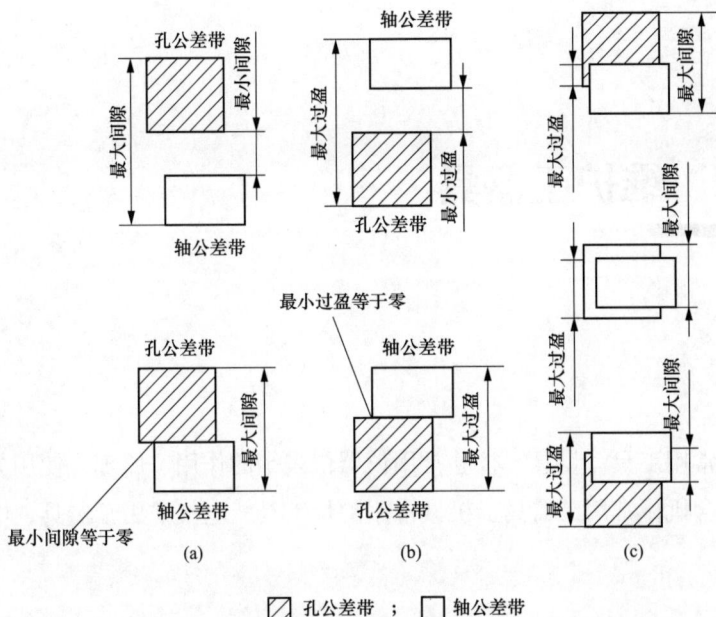

图 3-4-2　配合的种类

（a）间隙配合；（b）过盈配合；（c）过渡配合

（2）过盈配合。一批孔和轴任意装配，均具有过盈（包括最小过盈等于零）的配合，为过盈配合。这时，孔的公差带在轴的公差带之下，如图 3-4-2（b）所示。当相互配合的两零件需要牢固连接时，采用过盈配合。

（3）过渡配合。一批孔和轴任意装配，均具有间隙或过盈（一般间隙和过盈量都不大的配合为过渡配合）。这时，孔和轴的公差带相互交叠，如图 3-4-2（c）所示。对于不允许有相对运动、孔与轴的对中性要求比较高、又需要拆卸的两零件的配合，采用过渡配合。

2. 配合制

同一极限制的孔和轴组成配合的一种制度，称为配合制。为了使两零件达到不同的配合要求，国家标准规定了两种配合制度。

思　考　题

1. 水力机械图的种类有哪些？

2. 绘制水力机械图的基本规定有哪些？

3. 主接线图的识读分为哪几步？

4. 简述表面粗糙度的概念。

5. 公差的计算公式有哪些？

6. 配合的种类有哪些？

第四章 维护工器具

本章概述

本章对电站常用工具、量具、校验常用仪器仪表等的作用、原理、使用方法及注意事项进行了介绍，包含机械常用工器具、机械常用测量工具、电气常用工器具、电气常用仪器仪表等内容。

学习目标

学习目标	
知识目标	1. 能理解常用工具、量具、校验常用仪器仪表等的作用及原理。 2. 能理解常用工具、量具、校验常用仪器仪表的使用及保养注意事项。
技能目标	能操作常用工具、量具、校验常用仪器仪表等。

第一节 机械常用工器具

一、力矩扳手

（一）力矩扳手的作用及分类

力矩扳手又称扭矩扳手、扭矩可调扳手，是扳手的一种。在螺钉和螺栓的紧密度至关重要的情况下，使用扭矩扳手可以允许操作员施加特定扭矩值。

按动力源可分为电动力矩扳手、气动力矩扳手、液压力矩扳手及手动力矩扳手。

按制造测量原理一般可分为示值式和预置式。示值式分为指针式和数字式；预置式分为机械式和电子式。

电站常用机械预置式扭力扳手进行电站尾闸进人门封堵等工作。

机械预置式扭力扳在使用中如果力矩达到所设定力矩值后就会有"咔咔"类似机械碰撞报警的声音，此时扳手就不能再进行工作了，防止出现过力现象。

（二）力矩扳手的组成及工作原理

1. 力矩扳手的组成

以机械预置式扭力扳手为例，力矩扳手由棘轮扳手、插销、固定套筒、触发器、顶推器、扭力弹簧、辅助套筒、锁定环、手柄等组成。

2. 力矩扳手的工作原理

端部为装有方头或六角头的棘轮扳手，棘轮扳手被插销固定在固定套筒内，另一端顶着触发器，触发器顶着顶推器，顶推器被扭力弹簧顶住。弹簧的另一头是可以活动的辅助套筒。通过下拉锁定环并旋转手柄可以实现扭力大小的预设，松开后锁定环上移，预设值锁定。

通过手柄对弹簧形变量进行调节，实现扭矩设置，并将其数值显示在套筒上（固定套筒与辅助套筒数值之和）。使用扭矩扳手时，将扭矩扳手头部与螺栓相连，对螺栓施加扭矩，由于螺栓对扳手的反作用力尚未达到弹簧弹力，螺栓会持续紧固。待螺栓紧固力达到设定的扭矩时会推动顶推器，棘轮开始工作。头部以定位销为中心旋转，尾端接触到套管发出"咔哒"响声，即达到预设扭力值，扳手尾部脱离触发器。当松开扳手触发器又会回归到原位，这就是扭力扳手的工作原理。

（三）力矩扳手的使用方法及注意事项

1. 力矩扳手的使用方法

（1）检查扭力扳手手柄、锁定装置、套筒外观正常、刻度清晰、转动灵活。

（2）检查棘轮头外观完好，转动正常，换向装置工作可靠。

（3）根据安装、检修所要求的扭矩值进行扭矩设定（下拉锁定环并旋转手柄）。

（4）选择合适的套筒进行组装。

（5）按照要求将工作部件紧固至调整好的力矩，并复检（施加扭矩时，手握在扭矩扳手手柄中间位置，沿垂直于扭力扳手套筒方向慢慢加力，直至听到"咔哒"声，施力方向垂直度偏差左右不超过10°，水平方向上下偏差不超过3°）。

（6）将组合的扭力扳手分解，并将设置值调整至最小扭矩。

（7）将扭力扳手清洁并放置指定位置。

2. 力矩扳手使用的注意事项

（1）扭力扳手属于精密机械仪器，支配时应小心，切不可贸然施加作用力，以免造成内部机构失灵。

（2）切不可将扭力扳手当作铁锤来使用，应轻拿轻放，不可乱丢。

（3）听到"咔哒"声响后，请勿再加以施力，避免造成零件及设备损害。

（4）应避免工具接触水等液体，防止锈蚀。

（5）不可超量程工作，当达到设定值并听到"咔哒"声后，应停止施力。

（6）除厂家配置加力杆以外的扭力扳手，其他扳手都不可以套装加力杆，以免损坏扳手或螺纹连接件。

（7）扭矩扳手应每5000次操作或每年进行一次校准，以先到者为准。

二、敲击扳手

（一）敲击扳手作用及分类

敲击扳手是由 45 号中碳钢或 40Cr 钢整体锻造而成，用来拧出六角头螺栓或螺母，是一类重要的手动扳手。其适用于工作空间狭小，不能使用普通扳手的场合。

敲击扳手前端为工作端，尾部为手持端（又称敲击端），主要包括敲击梅花扳手和敲击呆扳手两种形式。

敲击梅花扳手工作端为 12 角的梅花形状的敲击扳手。

敲击呆扳手工作端为固定尺寸开口的敲击扳手。

（二）敲击扳手的使用方法及注意事项

1. 敲击扳手的使用方法

（1）根据螺栓大小选择合适的敲击扳手。

（2）将扳手与螺栓或螺母轴线方向保持垂直，使用榔头敲击扳手的另一端，使扳手转动，达到螺栓或螺母松动的目的。

2. 敲击扳手使用注意事项

（1）使用敲击扳手时，应在扳手手柄末端孔内加防护绳，以免敲击扳手在使用中由于扳手掉落发生危险。

（2）若为敲击呆扳手，应将螺栓或螺母进到扳手开口深处，防止在操作过程中发生脱落，扳手与螺栓或螺母轴线方向保持垂直，防止扳手斜放，损伤其六角头棱角。

（3）敲击扳手在使用完成后需涂抹防锈油再悬挂至阴凉干燥处，不能放于潮湿环境，以免敲击扳手发生锈蚀。

（4）敲击扳手禁止超负荷使用，超负荷使用会缩短敲击扳手的寿命，甚至有发生断裂的危险。

三、活动扳手

（一）活动扳手的作用及规格

活动扳手简称活扳手，其开口宽度可在一定范围内调节，是用来紧固和起松不同规格的螺母和螺栓的一种工具。

规格以长度 × 最大开口宽度表示，常用的有 100、150、200、250、300、375mm 六种规格。

（二）活动扳手的组成

活动扳手的组成：

活动扳手由头部和柄部构成，头部由活动板唇、呆板唇、板口、开口调节螺母和轴销构成。通过旋转开口调节螺母可实现板口开口大小的调节。

（三）活动扳手的使用方法及注意事项

1. 活动扳手的使用方法

（1）选用合适大小的活动扳手，用相互平行的固定钳口和活动钳口将对称的多边形工件固定住。

（2）通过朝活动钳口方向旋转握把，拆卸或紧固工件。使用时，要使活动扳手的活动钳口部分受推力，固定钳口受拉力。

2. 活动扳手使用的注意事项

（1）受力方向正确，固定钳口受主要作用力，保证固定销、螺母及扳手本身不被损坏。

（2）使用活动扳手时应先将活动扳手调整至合适位置，使活动扳手钳口与螺栓、螺母两对边完全贴紧，不应存在间隙，防止打滑，以免损坏管件或螺栓，并造成人员受伤。

（3）不应加长力矩使用，不准把扳手当榔头、锤子、撬棍等使用。

（4）使用后用酒精或者除锈剂进行清洁，防止生锈。

四、电动扳手

电动扳手是指拧紧和旋松螺栓及螺母的电动工具，是一种拧紧高强度螺栓的工具。

（一）电动扳手的操作步骤

1. 了解设备

（1）确认电动扳手的型号和规格。

（2）阅读并理解使用说明书，熟悉各部件功能及安全操作步骤。

2. 安全准备

（1）穿戴适当的工作服和安全装备，包括手套和护目镜，确保身体和眼睛得到保护。

（2）确保工作区域清洁整洁，没有杂物或障碍物。

3. 准备电动扳手

安装适当的扭矩头或螺丝头，确保与任务要求匹配。

4. 操作步骤

（1）开启电动扳手之前，确认电源接通，并检查电动扳手的开关和控制按钮是否正常运作。

（2）根据需要调整扭矩设置或速度设置。

5. 使用技巧

（1）稳定操作：将电动扳手握稳，确保握柄干燥无油脂，以防滑动。

（2）正确操作：将扭矩头或螺丝头准确对准螺栓，并施加适当的压力以保持稳定。

（3）适当扭矩：根据工作手册或指导建议，设定合适的扭矩级别。过高的扭矩可能导致螺栓断裂，过低则可能导致未固定牢靠。

6. 结束操作

（1）完成任务后，关闭电动扳手并从电源中断电。

（2）清洁电动扳手包括扭矩头或螺丝头的清洁。如有必要，也可以对其进行更换。

7. 安全存放

将电动扳手存放在干燥、安全的地方，确保远离儿童或未经培训的人员。

（二）电动扳手的操作步骤注意事项

（1）在使用电动扳手时，保持手指和其他物体远离运动部件，避免受到意外伤害。

（2）如遇设备故障或异常，立即停止使用并通知维修人员。

（3）禁止单独操作电动扳手。

五、气动扳手

（一）气动扳手作用

气动扳手是棘轮扳手及电动工具综合体，是一种能以最小的消耗提供高扭矩输出的工具。它通过持续的动力源让具有一定质量的物体加速旋转，然后瞬间撞向出力轴，从而可以获得比较大的力矩输出。

（二）气动扳手的使用方法

（1）将气源压力调整至需要的压力，向上提起调压螺帽，顺时针方向转动可增加压力，逆时针方向转动可减小压力，调整至使用压力后，务必将调压螺帽压下固定，通常气动扳手工作压力在 0.5～0.7MPa。

（2）参考扭矩对照表，将功率调节旋钮调到合适的位置，1 为最小、4 为最大。

（3）检查所有的软管及其他连接装置尺寸是否正确、安装是否牢固。

（4）在操作机器前，检查油杯里内润滑油油质、油量。

（5）根据螺栓规格，选择合适的套筒。

（6）先将套筒插入要拆卸的螺母中，并根据螺母旋转方向的要求，轻敲开关试运行，确认旋转方向正确后再正式运行。

（7）按下开关，扳手运转，身体姿态必须保持平衡和稳定并施加一定的轴向推力。

（8）保持完全按下开关状态直至扳手停止转动。

（9）操作完成后松开开关，拿下扳手。

（三）气动扳手使用注意事项

（1）气动扳手应在说明书规定的功能和范围内使用，并按照使用说明书的要求定期进行维护工作。

（2）严禁将手动扳手的出风口指向其他人员。

（3）气动扳手的最大供气压力不允许超过规定值，当供气压力超过额定工作压力时，应使用压力调节阀。

（4）供气软管应为耐压软管，内表面耐油，外表面耐磨，软管应牢固固定在接头上。

（5）应定期检查气动扳手、供气软管、接头和夹具的安全性。如发现异常，应及时修理或更换。

六、手电钻

（一）手电钻切割机作用

手电钻就是以交流电源或直流电池为动力的钻孔工具，是手持式电动工具的一种，用于在物件上开孔或洞穿物体。

（二）手电钻结构

手电钻主要由钻夹头、减速机构、风扇、开关、手柄、静子、转子、整流子及顶把等组成，如图4-1-1。

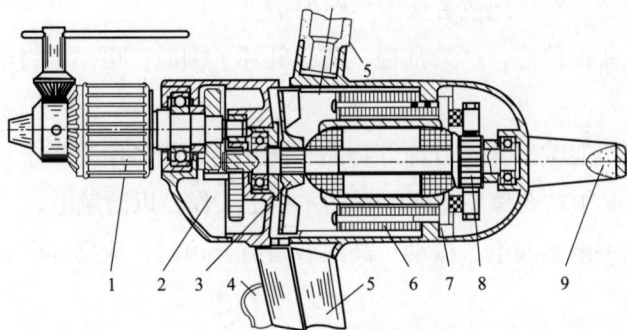

图4-1-1　手电钻结构

1—钻夹头；2—减速机构；3—风扇；4—开关；5—手柄；6—静子；7—转子；8—整流子；9—顶把

（三）手电钻的使用方法与注意事项

1. 手电钻操作方法

（1）用前检查电源线有无破损。若有，必须包缠好绝缘胶带，使用中切勿受水浸及被乱拖乱踏，也不能触及热源和腐蚀性介质。

（2）对于金属外壳的手电钻必须采取保护接地（接零）措施。

（3）使用前要确认手电钻开关处于关断状态，防止插头插入电源插座时手电钻突然转动。

（4）手电钻在使用前应先空转0.5～1min，检查传动部分是否灵活，有无异常杂音，螺钉等有无松动，换向器火花是否正常。

（5）打孔时要双手紧握手电钻，尽量不要单手操作，应掌握正确操作姿势。

（6）不能使用有缺口的钻头，钻孔时向下压的力不要太大，防止钻头打断。

（7）清理刀头废屑，换刀头等动作，都必须在断开电源的情况下进行。

（8）对于小工件必须先借助夹具来夹紧，再使用手电钻。

（9）操作时进钻的力度不能太大，以防钻头或铁屑飞出来伤人。

（10）在操作前要仔细检查钻头是否有裂纹或损伤，若发现有此情形，则要立即更换。

（11）要注意钻头的旋转方向和进给方向。

（12）要先关上电源，等钻头完全停止再把工件从工具上拿走。

（13）在加工工件后不要马上接触钻头，以免钻头可能过热而灼伤皮肤。

（14）在操作前要仔细检查钻头是否有裂纹或损伤，若发现此情形，则要立即更换。

（15）使用中若发现整流子上火花大，手电钻过热，必须停止使用，进行检查，如清除污垢、更换磨损的电刷、调整电刷架弹簧压力等。

（16）为了避免切伤手指，在操作时要确保手指远离工件或钻头。不使用时应及时拔掉电源插头。手电钻应存放在干燥、清洁的环境中。

2. 手电钻操作注意事项

（1）手电钻外壳必须有接地或者接中性线保护。

（2）手电钻导线要保护好，严禁乱拖，防止轧坏、割破；更不准将电线拖到油水中，防止油水腐蚀电线。

（3）使用时一定不能戴手套、首饰等物品，防止卷入设备给手带来伤害。穿胶布鞋，在潮湿的地方工作时，必须站在橡皮垫或干燥的木板上工作，以防触电。

（4）使用中发现手电钻漏电、振动、高热或者有异声时，应立即停止工作，找电工检查修理。

（5）手电钻未完全停止转动时，不能卸、换钻头。

（6）停电休息或离开工作地时，应立即切断电源。

（7）不可以用手电钻钻水泥和砖墙，否则，极易造成电机过载，烧毁电机。

七、内窥镜

（一）内窥镜的作用

工业内窥镜主要是用于汽车、航空发动机、管道、机械零件等，可在不需拆卸或破坏组装及设备停止运行的情况下实现无损检测，广泛应用于航空、汽车、船舶、电气、化学、电力、煤气、原子能、土木建筑等现代核心工业的各个部门。

（二）工业内窥镜的使用范围

（1）焊缝表面缺陷检查。检查焊缝表面裂纹、未焊透及焊漏等焊接质量。

（2）内腔检查。检查表面裂纹、起皮、拉线、划痕、凹坑、凸起、斑点、腐蚀等缺陷。

（3）状态检查。当某些产品（如蜗轮泵、发动机等）工作后，按技术要求规定的项目进行内窥检测。

（4）装配检查。当有要求和需要时，使用工业视频内窥镜对装配质量进行检查；装配或某一工序完成后，检查各零部组件装配位置是否符合图样或技术条件的要求；检查是否存在装配缺陷。

（5）多余物检查。检查产品内腔残余内屑、外来物等多余物。

八、液压拉伸器

（一）液压拉伸器的作用及类型

1. 液压拉伸器的作用

液压螺栓拉伸器简称液压拉伸器，它具有螺栓紧固和拆卸的功能，可广泛适用于冶金矿山、石油化工、船舶工业、电力系统、机车车辆、重型机械等行业。借助超高压泵提供的液压动力，利用材料允许的弹性幅度，在其弹性变形区内将螺栓拉伸，达到紧固或拆卸螺栓的目的。另外也可以作为液压过盈连接施加轴向力的装置，从而进行顶压安装。特别是在污染严重或空间面积受到限制的工作环境中，液压拉伸装置是其他任何工具都难以替代的，是大中型机械产品组装和设备维修的理想工艺装备，大大提高了施工工作效率。

2. 液压拉伸器的类型

液压拉伸器共有四大类，即普通通用型、拉伸头互换型、单极复位型和双极复位型。

（二）液压拉伸器的组成及工作原理

1. 液压拉伸器的组成

液压拉伸器由缸体、进油口快换接头、支撑桥、拨棒等组成，结构示意图见图4-1-2。

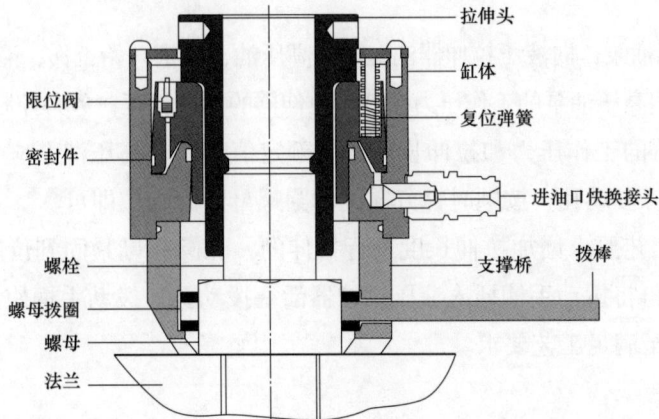

图4-1-2　液压拉伸器结构示意图

2. 液压拉伸器的工作原理

液压拉伸器总成是由液压螺栓拉伸器+150MPa单作用手动泵（或超高压电动泵）+超高压软管总成而组成的。液压拉伸器的原理是利用液压油缸直接对螺栓施加外力，使被施加力的螺栓在其弹性变形范围内被拉长，螺栓发生微量变形，从而使螺母易于松动。液压拉伸器安装在螺栓中轴线的位置，用于对螺栓进行轴向拉伸，实现螺栓需要的拉伸量。正是螺栓的这种拉伸量决定了螺栓紧固所需的预紧力。螺栓受到拉伸时，螺母会与设备接触面脱离。

（三）液压拉伸器的工作条件及操作方法

1. 液压拉伸器的工作条件

（1）应按工作要求对材料的预紧力或顶压力进行理论计算，以便对液压拉伸器的拉伸力和拉伸长度提出要求。

（2）工作环境应保留一定的工作空间，液压拉伸器支承座接触基准面必须平整，确保拉伸操作顺利进行。

（3）使用螺栓拉伸工艺的，对螺母有下列要求：

1）尽量使用圆螺母，以便紧固时拨动操作，若使用六角螺母，必须保证螺母拨动孔的位置和深度。

2）螺母的高度应低于液压拉伸器支承座的高度，并预留其间不少于拉伸长度的间隙。

3）螺母拨动孔的直径和位置应根据液压拉伸器的相关尺寸确定。

2. 液压拉伸器的操作方法

（1）准备工作：

1）将圆螺母旋进螺栓，用拨动手柄插入拨动孔。

2）将液压拉伸器支承座套入，罩住圆螺母。

3）将液压拉伸器旋进螺栓，用拨动手柄紧固拉伸头至各部位配合基本无间隙即可。

4）通过高压油管连接液压拉伸器与超高压油泵。

（2）启动：

1）操作超高压油泵，向液压拉伸器油缸输入高压油，活塞开始工作，液压拉伸器进入工作状态，此时要注意超高压油泵的工作压力和液压拉伸器的拉伸长度，务必控制在设定范围内。

2）液压拉伸器的工作压力和拉伸长度达到额定值时，超高压油泵应立即停止工作，将拨动手柄插入圆螺母拨动孔，按顺时针方向拨动圆螺母坚固到位即可。

3）使用中，工艺要求增加拉伸长度进行拉伸的，在圆螺母紧固到位后，超高压油泵应按操作程序卸压，再将拨动手柄插入液压拉伸器活塞拨动孔，拨动手柄使活塞复位；之后再按上述方法操作直至满足工艺要求。

（3）拆卸：

液压拉伸器工作完毕后，先将超高压泵卸压，再进行拆卸。拆卸方法有两种，可根据工作环境选择。

1）用拨动手柄拨动拉伸头，先将油缸中的液压油向超高压油泵贮油排尽，使活塞复位；再脱开与高压油管连接的快速接头，将液压拉伸器旋出螺栓，取出支承座，结束整个拉伸过程。

2）脱开与高压油管连接的快速接头，先将液压拉伸器旋出螺栓，取出支承座，用内六角扳手拧松活塞端面的螺钉，再将拉伸器平直地夹在台钳中间，缓缓紧动丝杆，排出油缸中储存的液压油，直到活塞全部复位。

九、手拉葫芦

（一）手拉葫芦的作用及类型

手拉葫芦又叫神仙葫芦、链条葫芦、倒链、斤不落、手动葫芦，是一种使用简单、携带方便的手动起重机械。按构造形式不同分为齿轮传动和蜗轮传动两种。

手拉葫芦主要是作垂直吊装，也可水平或倾斜使用。

（二）手拉葫芦的使用方法及注意事项

（1）使用前检查内容如下：

1）吊钩、轮轴有无损伤；

2）转动部分是否灵活；

3）是否有卡链现象，链条是否有断节及裂纹；

4）制动器是否安全可靠；

5）销子牢固与否；

6）吊挂绳索及支架横梁是否结实稳固。

（2）搬运装卸不得丢甩抛掷，注意保护轮轴及链条，轮轴及齿轮要随时加油，不应使链条齿轮扭结脱扣，要经常保持清洁以避免锈蚀。

（3）只在短距离起重、移动重物或绞紧物体以控制方向等情况下使用。

（4）使用手拉葫芦时，要检查起重链条是否有扭结现象，如有，应在调整好后方可使用。

（5）使用时应先反拉细链条，使粗链条松弛，以使滑车有最大的起重距离。

（6）起重时应慢慢倒紧，待链条受力后，检查滑车各部分有无变化，安装是否稳妥，链条是否会自行回松等，确认状态良好后才可继续工作。

（7）起重时，手拉链条要正对链轮均匀拉动，不可猛拉、强拉或斜拉，发生卡链时可顺势回拉一二转，活动后再继续工作。

（8）不得超负荷使用。如起吊重量不明确，在绞紧手拉葫芦后，只可一人拉动小链条，不得用两人以上的力量一起拉，以免粗链条因受力过大而断裂。

（9）手拉葫芦在水平和倾斜方向作业时，拉链的方向要同链轮方向一致，避免发生卡链或掉链现象，同时还要求在水平方向细链的入口处垫物承托链条。

（10）在使用过程中，要根据其起重能力大小决定拉链的人数。当手拉不动时，应查明原因，绝不能随意增加人员进行强拉，以免发生事故，拉链人数可参考表 4-1-1。

表 4-1-1　　　　　　　　　　　　　　根据起重能力确定拉链人数

起重量（t）	0.5~2	3~5	5~8	10~15
拉链人数	1	1~2	2	2

（11）在起吊重物的过程中，如要将重物在空中停留较长时间时，应将手链妥善地拴在

起重链上，以防止机具自锁失灵发生意外事故。

（12）不准过分提升或下降起重链条，以防止挣断插销。

（13）链条出现裂纹，链条发生塑性交形，伸长率达原长的 5%，链条直径磨损达原直径的 10% 时，应报废。

（14）应定期保养链式起重机，对转动部件应及时加油润滑，要防止链条锈蚀。对严重锈蚀、有断痕和裂纹的链条，要做报废或更新处理，不准凑合使用。

第二节　机械常用工量具

一、游标卡尺

（一）游标卡尺的作用及类型

可用游标卡尺测量长度、厚度、外径、内径、孔深和中心距等。游标卡尺的精度有 0.02、0.05、0.1mm 三种。

（二）游标卡尺的组成及结构原理

1. 游标卡尺的组成

如图 4-2-1 所示为三用游标卡尺，它由尺身、游标、内量爪、外量爪、深度尺和紧固螺钉等部分组成。

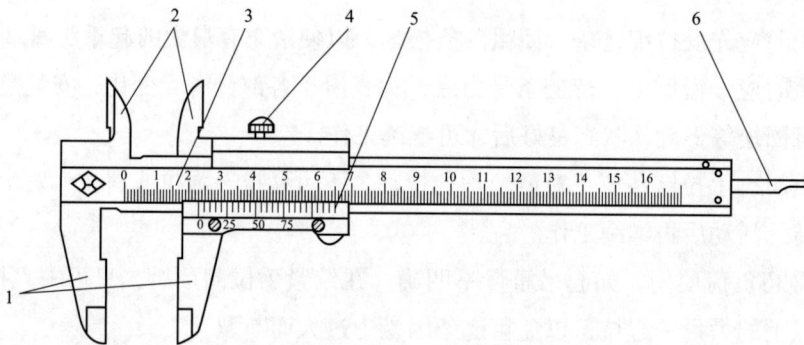

图 4-2-1　三用游标卡尺

1—外量爪；2—内量爪；3—尺身；4—紧固螺钉；5—游标；6—深度尺

2. 游标卡尺的刻线原理

0.05mm 游标卡尺刻线原理：尺身每 1 格长度为 1mm，游标总长为 39mm，等分 20 格，每格长度为 39/20 = 1.95mm，则尺身 2 格和游标 1 格长度之差为 2mm-1.95mm = 0.05mm，所以它的精度为 0.05mm。

0.02mm 游标卡尺的刻线原理：尺身每 1 格长度为 1mm，游标总长度为 49mm，等分 50 格，游标每格长度为 49/50 = 0.98mm，尺身 1 格和游标 1 格长度之差为 1mm-0.98mm =

0.02mm，所以它的精度为 0.02mm。

3. 游标卡尺的读数方法

首先读出游标尺零刻线左边尺身上的整毫米数，再看游标尺从中性线开始第几条刻线与尺身某一刻线对齐，其游标刻线数与精度的乘积就是不足 1mm 的小数部分，最后将整毫米数与小数相加就是测得的实际尺寸，游标卡尺的读数方法见图 4-2-2。

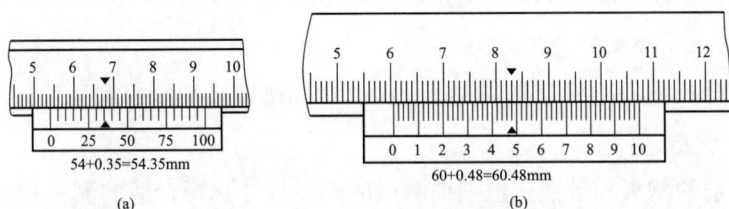

图 4-2-2 游标卡尺的读数方法

（a）0.05mm 游标卡尺的读数方法；（b）0.02mm 游标卡尺的读数方法

用游标卡尺进行测量时，内外量爪应张开到略大于被测尺寸。先将尺框贴靠在工件测量基准面上，然后轻轻移动游标，使内外量爪贴靠在工件另一面上，并使游标卡尺测量面接触正确，不可处于歪斜位置，然后把紧固螺钉拧紧，读出读数。

二、内径千分尺

（一）内径千分尺的作用及类型

内径千分尺是一种用于测量内径、深度和凹槽宽度的精密测量工具。内径千分尺有杆式内径千分尺、内测千分尺和三爪内径千分尺等。前两种内径千分尺的刻线原理和精度等级相同。本部分主要介绍杆式内径千分尺。

（二）内径千分尺的组成及结构原理

（1）杆式内径千分尺是一种用于测量内径、深度和凹槽宽度的精密测量工具。它的主要特点是高精度的测量能力，通常可以达到 0.001mm（1μm）的分辨率。杆式内径千分尺的组成和结构原理如下：

组成部分：

1）测量头：通常由高硬度的合金钢制成，以确保测量精度和工具的耐用性。测量头可以是固定式的或者可更换的，以适应不同的测量范围。

2）测砧：与测微螺杆相配合，用于对测量结果进行精确调整。

3）测微螺杆：通过旋转来控制测量头的移动，实现精确尺寸的调整。

4）固定套筒：用于固定测微螺杆的位置，通常有刻度，用于粗略调整。

5）微调套筒：用于进行微小的尺寸调整，通常也有刻度，用于精细调整。

6）锁紧装置：用于锁定测量头，以确保测量过程中测量头的位置不变。

7）校准装置：用于校准内径千分尺，确保其测量精度。

（2）杆式内径千分尺的工作原理是基于螺旋测微原理。测微螺杆的旋转是通过螺纹与测砧的配合，转化为测量头的线性移动。这种移动非常微小，因此可以实现高精度的测量。

使用时，先将测量头放入被测量的孔或槽中，然后旋转微调套筒，使测量头向外移动，直到与被测物紧密接触。通过读取固定套筒和微调套筒上的刻度，可以得到测量结果。

内径千分尺的测量精度受到多种因素的影响，包括测量头的磨损、螺纹的精度、使用者的技术等。因此，定期校准和正确使用是非常重要的。

（三）杆式内径千分尺的使用方法

杆式内径千分尺是一种用于测量内径、深度和凹槽宽度的精密测量工具。以下是杆式内径千分尺的使用方法：

（1）选择合适的测头和量程：根据被测量的内径尺寸选择合适的测头和量程。

（2）校零：在使用前，确保内径千分尺已经校零。将测头和测微螺杆紧密接触，并调整微调套筒，使主尺和微调尺上的中性线对齐。

（3）测量：

1）打开内径千分尺的锁紧装置，将测头放入被测量的孔或槽中。

2）轻轻旋转微调套筒，使测头向外移动，直到与被测物紧密接触。

3）当测头与被测物接触时，会感觉到一定的阻力，此时停止旋转微调套筒。

4）将固定套筒和微调套筒上的刻度相加，得到最终的测量结果。

（4）记录和计算：将读取的刻度转换为实际的尺寸。

（5）清理和存放：使用完毕后，清理内径千分尺，确保其清洁并放回适当位置存储。

（四）用内径千分尺测量内孔直径

杆式内径千分尺测量前必须用外径千分尺或标准孔径的环规校正零位，测量时内径千分尺应在孔中沿轴线和直径方向上摆动，在直径方向的最大值而在轴线方向的最小值才是测量的实际尺寸。

用内径千分尺测量孔径时，要注意千分尺的刻线方向，这种千分尺的刻线方向和外径千分尺的刻线方向相反，当微分筒顺时针旋转时，活动量爪向右移动，测量值增大，见图4-2-3。

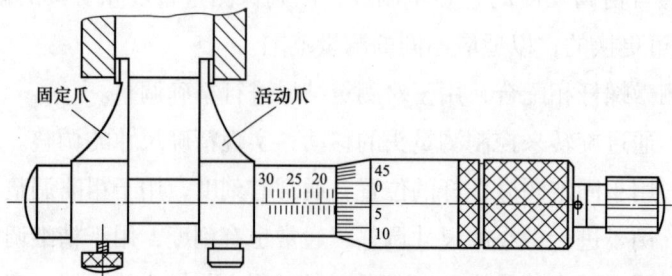

图4-2-3 内径千分尺测量孔径示意图

在测量内孔直径的练习中，可分别采用不同的内径千分尺对不同工件的孔径（或宽槽）进行测量。通过测量达到熟悉内径千分尺结构，掌握测量方法和快速准确地读出读数的目的。

三、外径千分尺

（一）外径千分尺的组成及结构原理

1. 外径千分尺的结构

外径千分尺的结构如图 4-2-4 所示。

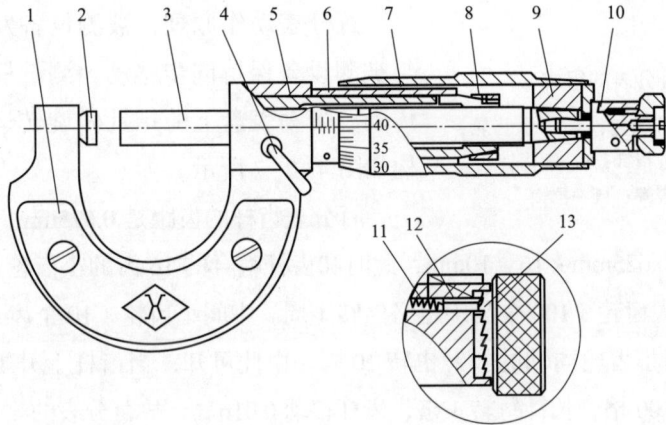

图 4-2-4　外径千分尺的结构

1—尺架；2—砧座；3—测微螺杆；4—锁紧手柄；5—螺纹套；6—固定套管；7—微分筒；
8—螺母；9—接头；10—测力装置；11—弹簧；12—棘轮爪；13—棘轮

2. 外径千分尺的刻线原理

固定套管上每相邻两刻线轴向每格长为 0.5mm。测微螺杆螺距为 0.5mm。当微分筒转1 圈时，测微螺杆就移动 1 个螺距（0.5mm）。微分筒圆锥面上共等分 50 格，微分筒每转1 格，测微螺杆就移动 0.01mm，故千分尺的测量精度为 0.01mm。

（二）外径千分尺的读数方法

先读出固定套管上露出刻线的整毫米及半毫米数。再看微分筒哪一刻线与固定套管的基准线对齐，读出不足半毫米的小数部分。最后将两次读数相加，即为工件的测量尺寸，千分尺的读数方法见图 4-2-5。

（三）外径千分尺的使用

用千分尺进行测量时，应先将砧座和测微螺杆的测量面擦干净，并校准千分尺的零位。测量时可用单手或双手操作。不管用哪种方法，旋转力要适当，一般应先旋转微分筒，当测量面快接触或刚接触工件表面时，再旋转棘轮，以控制一定的测量力，最后读出读数。

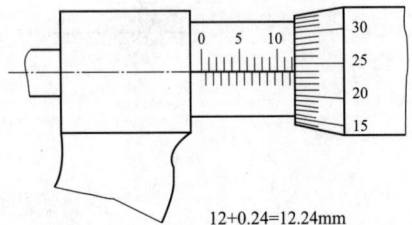

12+0.24=12.24mm

图 4-2-5　千分尺的读数方法

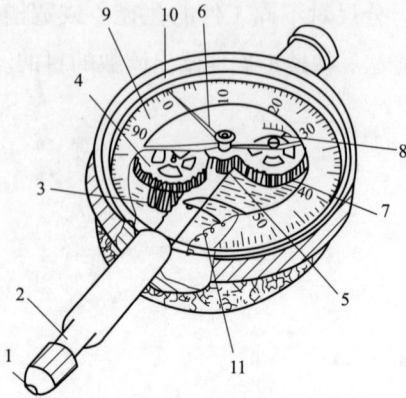

图 4-2-6　百分表的组成

1—触头；2—量杆；3—小齿轮；4、7—大齿轮；
5—中间小齿轮；6—长指针；8—短指针；
9—表盘；10—表圈；11—拉簧

四、百分表

百分表是测量工件表面形状误差和相互位置的一种量具，测量精度为 0.01mm。

（一）百分表的组成及工作原理

1. 百分表的组成

百分表的组成如图 4-2-6 所示。

2. 百分表的工作原理

百分表动作原理：被测设备发生位移时测量杆与被测设备保持同步移动，测量杆带动齿条和齿轮传动，带动表盘上的指针做旋转运动。百分表的结构如图 4-2-7 所示。

百分表齿杆的齿距是 0.625mm。当齿杆上升 16 齿时，上升的距离为 0.625mm×16=10mm，此时和齿杆啮合的 16 齿的小齿轮正好转动 1 周，而和该小齿轮同轴的大齿轮（100 个齿）也必然转 1 周。中间小齿轮（10 个齿）在大齿轮带动下将转 10 周，与中间小齿轮同轴的长针也转 10 周。由此可知，当齿杆上升 1mm 时，长针转 1 周。表盘上共等分 100 格，长针每转 1 格，齿杆移动 0.01mm，故百分表的测量精度为 0.01mm。

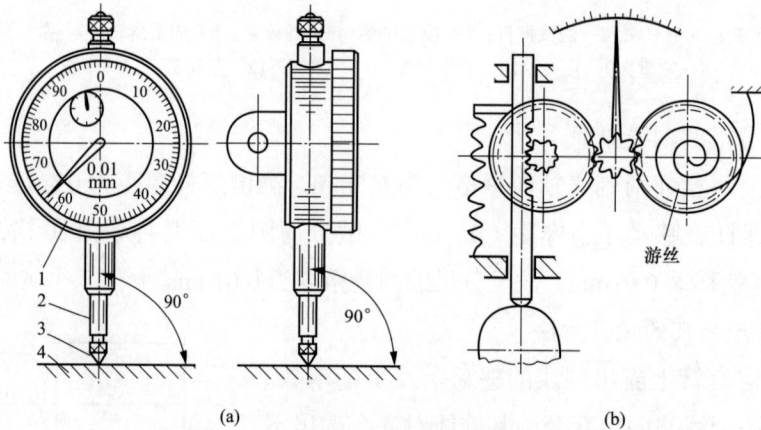

（a）　　　　　　　　　　　　　　（b）

图 4-2-7　百分表的结构

（a）外形；（b）结构原理

1—活动表圈；2—测量杆（齿条）；3—测头；4—工件

（二）百分表的使用方法及注意事项

1. 百分表的装设

（1）首先将固定表面及磁性表座工作面擦拭干净。

（2）在固定表面合适的位置放好磁性表座并打开旋钮开关（给磁），根据测点位置初步调整好杆件的高度及方向并将杆件固定。

（3）固定好百分表，并将百分表的测杆高度及水平方向调整好。

（4）关闭旋钮开关（去磁），进行整体调整，使百分表的测杆垂直于测点，同时满足百分表小针要有 2～3mm 的预压缩量，打开旋钮开关（给磁），大针调零位。

（5）进行全面检查，百分表装设牢固，百分表测杆动作灵活。

2. 百分表的检查

百分表外观完好、无损；长、短指针旋转灵活、无松动；测杆动作灵活、无卡阻。

3. 读百分表

当短针相对于原来的位置向大的刻度值方向偏转时，读数为"+"值，在百分表的活动表圈上要读"黑色字体"刻度示值。毫米整数位数值由短针读出，毫米小数位数值由长针读出。

当短针相对于原来的位置向小的刻度值方向偏转时，读数为"-"值，在百分表的活动表圈上要读"红色字体"刻度示值。毫米整数位数值由短针读出，毫米小数位数值由长针读出。

4. 拆出百分表

（1）测量工作结束后可拆出百分表。

（2）首先拆出百分表并装入表盒中放好。

（3）关闭旋钮开关（去磁），拆出磁性表架并装入表盒中放好。

（4）对百分表及磁性表架进行擦拭保养。

5. 使用百分表时的注意事项

（1）使用前先把表杆推动或拉动两三次，检查指针是否能回到原位置，不许使用不能复位的表。

（2）在测量时，先将表夹持在表架上，表架要稳。若表架不稳，则应将表架用压板固定在机体上。在测量过程中，必须保持表架始终不产生位移。

（3）测量杆的中心应垂直于测点平面，若测量为轴类，则测量杆中心应通过轴心。

（4）测量杆接触测点时，应使测量杆压入表内一小段行程，以保证测量杆的测头始终与测点接触。

（5）在测量中应注意长针的旋转方向和短针走动的格数。当测量杆向表内进入时，指针是顺时针旋转，表示被测点高出原位；反之则表示被测点低于原位。

五、塞尺

（一）塞尺的组成及作用

1. 塞尺的组成

塞尺又称厚薄规，由一组不同厚度的钢片重叠，并将一端松铆在一起而成。每片上都刻有自身的厚度值。

2. 塞尺的作用

在设备检修中，常用来检测固定件与转动件之间的间隙，检查配合面之间的接触程度。

（二）塞尺的使用方法

（1）测量时，先将塞尺和测点表面擦干净，然后选用适当厚度的塞尺片插入测点，用力不要过大，以免损坏塞尺片。

（2）用塞尺测量的测量精确程度全凭个人的经验，过紧、过松均造成误差，一般以手指感到有阻力为准，其手感要通过多次实践获得。

（3）如果单片厚度不合适，可同时组合几片进行测量，一般控制在2～3片以内；在组合使用时，应将薄的塞尺片夹在厚的中间，以保护薄片。

（4）超过3片，通常就要加测量修正值。根据经验，大体上每增加一片加0.01mm修正值。

（5）当塞尺片上的刻值看不清或塞尺片数较多时，可用分厘卡（千分尺）测量塞尺厚。

（6）塞尺用完后，应擦干净并抹上机油进行防锈保养。

六、合像水平仪

（一）合像水平仪的作用及结构原理

1. 合像水平仪的作用

光学合像水平仪已被广泛应用于精密机械制造、调试、安装工作中。对于光学合像水平仪，通过用比较法和绝对测量法来检验零件表面的直线度和设备安装位置的准确度，同时还可以测量零件的微小倾角。

2. 合像水平仪的作用结构原理

光学合像水平仪的外形和结构原理如图4-2-8所示。

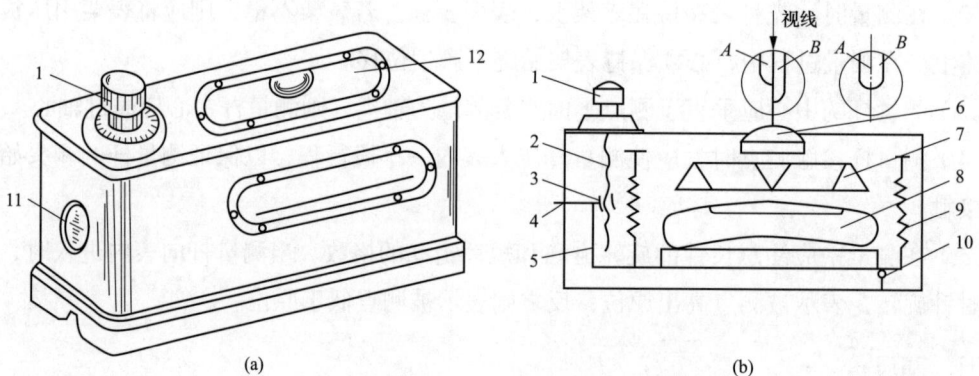

图 4-2-8　光学合像水平仪的外形和结构原理

（a）外形图；（b）结构原理图

1—旋钮（等分100格，每格0.01mm）；2—微调丝杆（螺距1mm）；3—螺母；
4—指针（滑块式）；5—杠杆机构；6—凸透镜；7—三棱镜组合；8—水准器；
9—弹簧；10—杠杆支承；11—侧窗口；12—上窗口

（1）光学合像水平仪的水准器8安装在一组杠杆平板上，水准器的水平位置可以用旋钮1通过丝杆2和杠杆机构5进行调整。丝杆螺距为1mm，旋钮的刻度盘等分100格，故每格为 0.01mm。即该水平仪的刻度分划值为 0.01mm。

（2）水准器玻璃管的气泡两端圆弧分别用三个不同方位的棱镜反射至上窗口的凸透镜，分成两半合像。当水准器不在水平位置时，凸透镜两半合像就不重合；处于水平位置时，凸透镜两半合像 A、B 就合成一整半圆。

（二）合像水平仪的使用方法及使用注意事项

1. 合像水平仪的使用方法

将水平仪自身调整到水平状态（即水准器与水平仪底面平行）：旋转旋钮将"水平仪刻度线"对准侧窗口的"5"；旋钮上"0"刻度对准起点线。然后从合像水平仪上窗口观察水准气泡偏向。"+"方向低则旋钮按"+"方向旋转；反之，旋钮按"−"方向旋转。

2. 合像水平仪的使用注意事项

（1）使用前应将水平仪底面和被测面用布擦干净，被测面不允许有锈蚀、油垢、伤痕等；必要时可用细砂布将被测面轻轻砂光。

（2）把水平仪轻轻地放在被测面上。若要移动水平仪时，则只能拿起再放下，不许拖动，也不要在原位转动水平仪，以免磨伤水平仪底面。

（3）观看水平仪的格值时，视线要垂直于水平仪上平面。第一次读数后，将水平仪在原位（用铅笔划上端线）调转 180° 再读一次，其水平情况取两次读数的平均值，这样即可消除水平仪自身的误差。若在平尺上测量机体水平，则需将平尺和水平仪分别在原位调头测量，共读 4 次，4 次读数的平均值即为机体水平情况。

（4）用完后，将水平仪底面抹油脂进行防锈保养。

第三节　电气常用工器具

电气工器具是电力系统处于操作、维护、检修、试验、施工等现场作业中所需要用到的各种专用工具与器具的总称，其种类繁多，与人们的生产息息相关，故学习掌握电气工器具的使用方法是每位员工必须具备的基本技能。加强对电气工器具的使用和管理对提升运行管理水平有极其重要的作用，同时也是提升员工素质及技能的有效手段。为规范电气工器具的使用，根据《电业安全工作规程》及电力行业有关工器具的使用规定和现场规程，本节将对绝缘电阻表、相位仪、相序仪、SF_6 含量测试装置、万用表等电气工器具进行详细介绍。

一、相位仪

相位是反映交流电任何时刻的状态的物理量。交流电的大小和方向是随时间变化的。比如正弦交流电流的公式是：

$$i = I\sin(2\pi ft) \tag{4-3-1}$$

式中：i 为交流电流的瞬时值；I 为交流电流的最大值；f 为交流电的频率；t 为时间。

随着时间的推移，交流电流可以从零变到最大值，从最大值变到零，又从零变到负的最大值，从负的最大值变到零。在三角函数中 $2\pi ft$ 相当于角度，它反映了交流电任何时刻所处的状态，是在增大还是在减小，是正的还是负的等。因此把 $2\pi ft$ 称为相位，或者称为相。如果 t 等于零的时候，i 并不等于零，公式应该改成：

$$i = I\sin(2\pi ft + \psi) \qquad (4-3-2)$$

式中：$2\pi ft + \psi$ 称为相位；ψ 称为初相位，也称为初相。

相位仪作为电力系统继电保护、计量和用电稽查专业及工矿、石油化工、冶金企业进行二次回路检查的理想仪表，用途极为广泛。

（1）判别电路为感性或容性。

（2）检测继电保护各组电流互感器之间的相位关系。

（3）检查变压器接线组别。

（4）检查有功电能表接线正确与否。

（5）判断电能表运行快慢，合理收缴电费。

（6）检测电气设备中的微小电流泄漏。

由于输入输出端子、测试柱等均有可能带电压，在插拔测试线、电源插座时，会产生电火花，需小心电击，避免触电危险，注意人身安全。

二、相序仪

（1）相序仪是一种新型检测仪器，可检测 500V 以下（包括 100V 和 380V）和 3kV 及以上高电压等级（包括 10、35、110、220kV）三相电压的相序，即检测三相电压 A、B、C 的相序。

（2）三个不同相位的电压信号通过衰减电阻或绝缘杆中的衰减电阻转换成弱电压信号进入本仪表，仪表内数字集成电路将电压信号自动进行分时锁存，再由仪表内识别电路自动识别出被测信号是否是正相序，并驱动电路显示相应灯光（如移动红灯代表正相序，反向移动绿灯代表逆相序），从而确定相序。

（3）使用方法：

1）用于 100、380V 电压（500V 以下）时，将显示仪的三个输入端 A、B、C 分别接入三相电源。若仪表红灯向右移动，说明被测相序是顺相；若仪表绿灯向左移动，说明被测相序逆相。将其中两相互换，可以改变相位顺序。

注：低压检测，接地插座可接地，也可不接地。

2）用于 3kV 或以上电压：

a. 先将仪表线两端分别插入仪表与绝缘管插孔进行连接。用于 3kV 或以上电压的相序仪见图 4-3-1。

b. 在操作前用万用表检查仪表线应是通的，操作杆电阻良好，电阻为 $10\sim50M\Omega$，仪表与绝缘管一定要接触良好（连接牢固），仪表接地要接触良好（连接牢固）；检验相序时，三人操作，一人监护；在操作时，人体不得接触仪表及仪表线，并保持安全距离。仪表线不得与外壳（地）接触并保持安全距离。在操作相序仪时严格执行电业安全规程有关规定。

c. 在操作时，人体不得接触仪表、高压连线及接地线，需保持安全距离。

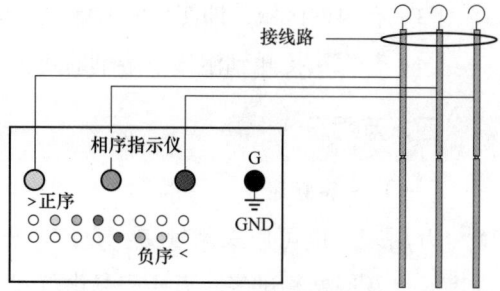

图 4-3-1 用于 3kV 或以上电压的相序仪

注：黄、绿、红三个插孔分别接 A、B、C 三相，GND 插孔接地

三、SF$_6$ 含量测试仪

（一）SF$_6$ 含量测试仪简介

SF$_6$ 含量测试仪的核心是一台先进的微处理机。它采用的数字信号处理技术使得它比采用的操纵电路及传感头信号更好成为可能。此外，电路中使用的元件数量约减少 40%，从而提高了可靠性及性能。微处理机实时监视传感头和电池电压值，每秒钟可达 4000 次，能及时补偿即使是最微小变动的信号脉动。这使得该仪表在几乎一切环境的应用中，成为一种稳定而可靠的检测工具。

（二）工作原理

SF$_6$ 含量测试仪分两类：传感器（即探头）与被检件相连接的称为固定式（也称内探头式）检漏仪；传感器（即吸枪）在被检件外部搜索的称为便携式（也称外探头式）检漏仪。示漏气体有氟利昂、氯仿、碘仿、四氯化碳等，其中氟利昂最好。SF$_6$ 含量测试仪灵敏度可达 3.2PPb。

金属铂在 $800\sim900℃$ 下会发生正离子发射，当遇到卤素气体时，这种发射会急剧增加。这就是所谓的"卤素效应"，利用此效应制成了卤素检漏仪，即 SF$_6$ 含量测试仪。

测试仪的传感器由二极管、加热丝、阴极（外筒）、阳极（内筒）组成，其材质均为铂材。阳极被加热丝加热后发射正离子，被阴极接收的离子流由检流计（或放大器）指示出来，且有声响指示。电气部分由加热电源、直流电源、离子流放大器、输出显示及便携式的吸气装置电源等组成。

（三）注意事项

（1）当泄漏不能被测出时，才调高灵敏度。当复位不能使仪器"复位"时，才调低灵敏度。

（2）在被严重污染的区域，应及时复位仪器以消除环境对仪器的影响。复位时不要移动探头。

（3）有风的区域，即使大的泄漏也难被发现。在这种情况下，最好遮挡住潜在泄漏区域。

（4）若探头接触到湿气或溶剂时可能报警，因此，检查泄漏时避免与试剂等直接接触。

四、万用表

（一）设备概述

万用表一般可用来测量交、直流电压，交、直流电流，电阻，电容，二极管，三极管，温度，以及通断测试等。万用表是电气设备检修、试验和调试等工作中常用的测量工具。

常见万用表形式有指针式和数字显式两种。

（二）使用方法及注意事项

1. 直流电压测量

（1）将黑表笔插入"COM"插座，红表笔插入"V/Ω"插座。

（2）将量程开关转至相应的 DVC（直流电压）量程上，然后将测试笔跨接在被测电路上，红表笔所接的该点电压与极性显示在屏幕上。

注意：如果对被测电压范围没有概念，应将量程开关转到最高挡位，然后根据显示值转到相应挡位上；如果屏幕显示"OL"，表明已超过量程范围，须将量程转至较高挡位上。

2. 交流电压测量

（1）将黑表笔插入"COM"插座，红表笔插入 V/Ω 插座。

（2）将量程开关转至相应的 AVC（交流电压）量程上，然后将测试笔跨接在被测电路上，红表笔所接的该点电压与极性显示在屏幕上。

注意：如果对被测电压范围没有概念，应将量程开关转到最高挡位，然后根据显示值转到相应挡位上；如果屏幕显示"OL"，表明已超过量程范围，须将量程转至较高挡位上。

3. 直流电流测量

（1）将黑表笔插入"COM"插座中，红表笔插入"20A"或"mA"插座中。

（2）将量程开关转至相应的 DVC 挡位上，然后将仪表表笔串联接入被测电路中，被测电流值将显示在屏幕上。

注意：在测量 20A 时，连续测量大电流将会使电路发热，影响测量精度甚至损坏仪表。

4. 交流电流测量

（1）将黑表笔插入"COM"插座中，将红表笔插入"20A"或"mA"插座中。

（2）将量程开关转至相应的 AVC（交流电压）挡位上，然后将仪表表笔串联接入被测电路中，被测电流值将显示在屏幕上。

注意：在测量 20A 时，连续测量大电流将会使电路发热，影响测量精度甚至损坏仪表。

5. 电阻测量

（1）将黑表笔插入"COM"插座，红表笔插入 V/Ω 插座。

（2）将量程开关转至相应的电阻量程上，然后将两表笔跨接在被测电路上。

6. 电容测量

（1）将黑表笔插入"COM"插座，红表笔插入 V/Ω 插座。

（2）将量程开关转至相应的电容量程上，表笔对应极性（红表笔极性为"+"极）接入被测电容。

注意：如果对被测电容范围没有概念，应将量程开关转到最高挡位；如果屏幕显示"OL"，表明已超过量程范围，须将量程转至较高挡位上。测量电容前，必须对电容充分放电，以防止损坏仪表。

7. 二极管正向压降

（1）将黑表笔插入"COM"插座，将红表笔插入 V/Ω 插座（红表笔极性为"+"极）。

（2）将量程开关转至挡，并将表笔连接到待测试二极管。

8. 通断测试

（1）将黑表笔插入"COM"插座，将红表笔插入 V/Ω 插座。

（2）将量程开关转至挡，将表笔连接到待测线路的两点，若两点电阻值低于 30Ω，则内置蜂鸣器发声。

9. 三极管放大倍数测量

（1）将测量开关置于 hFE（蜂鸣挡）。

（2）根据所测晶体管类型，将发射极、基极、集电极分别插入测试附件相应的插孔上。

注意事项如下：

（1）若无法预先估计被测电压或电流的大小，则应先拨至最高量程挡测量一次，再视情况逐渐把量程减小到合适位置。测量完毕，应将量程开关拨到最高电压挡，并关闭电源。

（2）测量电压时，应将数字万用表与被测电路并联；测电流时，应将数字万用表与被测电路串联。

第四节　电气常用仪器仪表

一、继电保护校验仪

（一）设备概述

微机继电保护测试仪是近 10 年来发展起来的一个新型智能化测试仪器，以前的继电保护试验工具主要由调压器和移相器组合而成，体积大，精度不高，已不能满足现代微机继电保护的校验工作。随着科学技术的不断发展，微机继电保护已广泛运用于线路保护，主变压器差动保护，励磁控制等各个领域，变电站综合自动化已成为主流。因此，微机继电保护测试仪必将成为现代继电保护工作人员必不可少的试验工具。

（二）使用过程中的注意事项

（1）为防止测试仪运行中机身感应静电，试验之前先通过接地端将主机可靠接地。

（2）电压测试通道严禁短路，电流测试通道严禁开路，严禁将外部的交直流电源引入到仪器的电压源、电流源输出插孔，否则有可能损坏仪器；试验过程中，如遇到异常情况，应立即切断电源。

（3）36V以上电压输出时应注意安全，防止触电事故的发生。

（4）为保证测试的准确性应将保护装置的外回路断开，且将电压的N与电流的N在同一点共地。

（5）切勿将装置露天放置。

（6）注意保持机箱侧面通风口的空气流动畅通，请不要遮挡通风口，以免影响散热。

（7）禁止外部电压和电流加在测试仪的电压、电流输出端。

（8）试验中，务必防止被测保护装置上的外电压反馈到测试仪的输出端而损坏测试仪。

（9）试验过程中，不要频繁开关电源，以免对仪器造成损坏或使测试精度降低。

（10）装置工作异常时，请及时与厂家联系，请勿自行维修。

（三）继电保护测试调试系统

1. 主要硬件配置

六路电压源；六路电流源；八对开入量；两对通用开出量；四对快速开出量。

2. 继电保护校验仪的应用实例

（1）继电器校验的合格标准：

1）线圈直流电阻检查。线圈直流电阻实测值与制造厂规定值误差不应大于±10%。

2）动作值、返回值及保持值的检验。按照继电器试验接线图进行接线，试验时应注意：

a. 继电器的动作电压不应大于70%的额定电压，动作电流不应大于铭牌规定的额定电流。出口继中间电器的动作电压应为其额定电压的50%～70%。

b. 返回电压不应小于其额定电压的5%，返回电流应小于其额定值的2%。

c. 具有保持线圈的继电器的保持电流不应大于其额定电流的80%，保持电压不应大于其额定电压的65%。

（2）继电器校验的步骤方法：

用万用表电阻挡检测继电器线圈的阻值，从而判断该线圈是否存在开路现象，只需把万用表打到合适的电阻挡，用表笔接触需要测量的两端即可测出对应的绝缘电阻。如果电阻符合要求，再给继电器线圈加载工作电压，以欧姆龙MK3P-1型中间继电器的校验为例，用表笔接触2脚和10脚，万用表测中间继电器的直流电阻见图4-4-1。

图4-4-1　万用表测中间
继电器的直流电阻

在继电保护校检仪的直流电压输出端引两条导线加在继电器线圈两端，即2脚和10脚，用继电保护校检仪给继电器线圈通电见图 4-4-2。

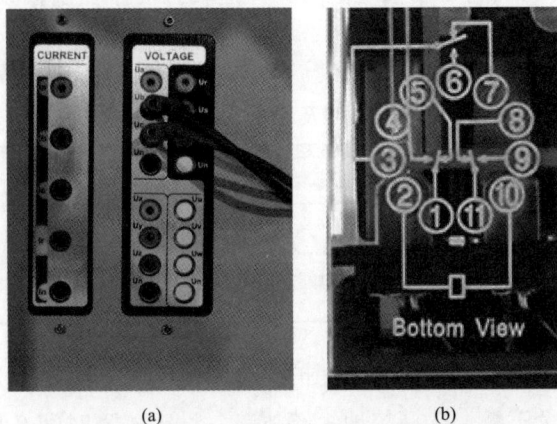

(a)　　　　　　　　(b)

图 4-4-2　用继电保护校验仪给继电器线圈通电

（a）继电保护校验仪的直流电压引出线；（b）继电器内部连接图

用继电保护校检仪输出一个连续阶跃的电压信号加在继电器线圈上，此连续阶跃信号起点为 0V，每 0.1s 增加 1V，一直增加到额定电压 24V。在此期间测量继电器的动作电压，如在电压加到 14V 时，继电器动作，常开触点闭合，信号通过导线被继电保护校验仪捕获，继电保护校检仪自动记录动作电压。同理，继电保护校检仪输出电压每 0.1s 减少 1V，一直减少到 0V。在此期间测量继电器的返回电压，如在电压减少到 4V 时，继电器动作，常开触点由闭合状态改为断开状态，信号通过导线被继电保护校检仪捕获，继电保护校检仪自动记录返回电压。

采用继电保护校验仪试验时应注意下面几点：①正确选择变量并根据试验需要设置变化范围，即设定测试的始量和终量，始值可大于终值，也可小于终值，主要根据测试对象是过量继电器或是欠量继电器而定。②根据需要设置变量在试验中的变化方式，"始—终"方式主要用于继电器动作值或返回值的测试；"始—终—始"方式用于一次测出继电器动作值、返回值及返回系数。③根据试验精度的需要设置变量在试验中的变化步长，步长取得越小，试验精度越高，但试验所耗费的时间越多。④根据所加激励量的大小和被测继电器的动作、返回时间设置变量（输出量）在试验中每一步的持续时间，要求该时间应大于被测继电器的最大动作、返回时间，才能正确考核被测继电器的反应。

（四）保护定值校验

以检测 220kV 线路微机保护装置为例进行定值测试。

1. 试验方法

试验采用模拟瞬时性故障的方法进行，在模拟短路之前，应先加额定电压，故障前时间为 10s（目的：解除装置的 TV 断线告警）。线路微机保护装置实现自环进行保护范围内故障模拟。继电保护校验仪交流电流、交流电压接线，以及端子排接线需结合二次回路图纸。

（1）欠量保护定值校验。以距离保护中的接地距离保护为例，现校验接地距离Ⅰ段，

93

投入距离保护压板，选择接地短路故障，设定故障时间 0.1s（满足故障时间大于整定时间），当短路阻抗小于接地距离Ⅰ段整定值时，保护装置动作。模拟故障及动作情况（1）见表 4-4-1。

表 4-4-1　　　　　　　　　　　　模拟故障及动作情况（1）

项目	保护定值及模拟故障	故障量	装置动作情况
接地距离Ⅰ段保护校验	$Z_1=0.3\Omega$，$T_1=0.0s$；距离保护Ⅰ段压板置投；选择 A 相接地故障（Z_1：阻抗定值；T_1：时间定值）	95% 的定值	保护可靠动作
		1.05 倍定值	保护不动作

（2）过量保护定值校验。以零序电流保护中的零序电流Ⅰ段保护为例，现校验零序电流Ⅰ段，投入零序电流Ⅰ段压板，选择接地短路故障，设定故障时间 0.1s（满足故障时间大于整定时间），当零序电流大于零序电流Ⅰ段整定值时，保护装置动作。模拟故障及动作情况（2）见表 4-4-2。

表 4-4-2　　　　　　　　　　　　模拟故障及动作情况（2）

项目	保护定值及模拟故障	故障量	装置动作情况
零序电流Ⅰ段保护校验	$I_1=7A$，$T_1=0.0s$；零序电流Ⅰ段压板置投；选择 A 相接地故障（I_1：电流定值；T_1：时间定值）	95% 的定值	保护不动作
		1.05 倍定值	保护可靠动作

2. 校验结果检查

试验人员应对继电保护装置中相关保护功能的定值按照定值单中的计算定值进行整定，并由另一试验人员或试验负责人将保护装置实际的动作情况与理论推断的动作情况进行比对，检查保护动作结果的正确性，动作结果正确则说明保护动作定值无误。

二、直流电阻测试仪

（一）设备概述

变压器直流电阻是变压器制造中半成品、成品出厂试验安装、大修、改变分接开关后、交接试验及电力部门预防性试验的必测项目。可以检查绕组接头的焊接质量和绕组有无匝间短路，可以检测电压分接开关的各个位置接触是否良好及分接开关实际位置与指示位置是否相符，引出线是否断裂，多股导线并绕是否有断股等情况。

（二）功能特点

（1）一次将高、低压电流电位测试线全部接到变压器上，测试过程中不用再重新接测试线。

（2）对于星形接法的绕组测试，仪器可以采取三相同时测试的方式测试 A0、B0、C0 相的电阻，节省测试时间。

（3）三相五柱低压内部角接的变压器低压测试时，仪器内部采用自动助磁的方法，比直接用大电流测试速度快。

（4）显示、打印变压器的高、中、低压绕组的全部测试数据，并自动计算出三相不平衡度，还可以打印折算到额定温度下的阻值。

（5）三相测试时先测试 A0 的数据，再三相同时测试，解决了三相同时测试中性点引出线电阻不能测试的问题，测试数据更接近单相测试值。

（6）具有完善的反电势保护功能。

（7）仪器内部可以永久存储测试数据 200 条（可扩展），还可以使用优盘存储数据，方便用户导入电脑处理。

（8）仪器具有适用温度宽、精度高、防震、抗干扰、携带方便等特点。

（三）电路框图

直流电阻测试仪电路框图见图 4-4-3。

（四）仪器面板的介绍

仪器面板图见图 4-4-4。

（五）试验方法及步骤

（1）被试变压器与其他连接设备断开，避免受外部影响。其中，断开点距离应满足试验电压的要求。

（2）试验前将被试相绕组对地放电，记录分接开关位置。注意放电在 1min 以上。

（3）将直流电阻测试仪的外壳可靠接地，并接入与设备匹配的工作电源。接地应牢固可靠。

（4）被试变压器低压侧绕组悬空。严禁短路接地。

（5）将直流电阻测试仪的测试线夹分别接于变压器高压绕组引出端接线柱上。电阻测试仪接线与接线柱部分接触良好以确保数值准确。

（6）合上试验仪器电源，按被试设备上次试验值按选择键选择测试电

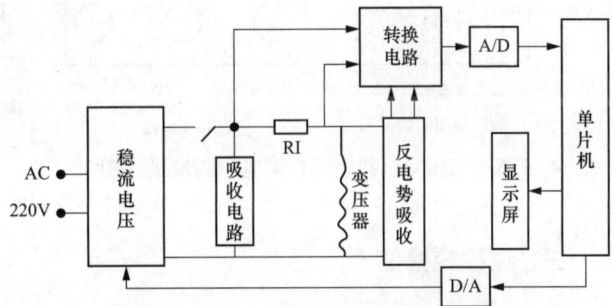

图 4-4-3 直流电阻测试仪电路框图

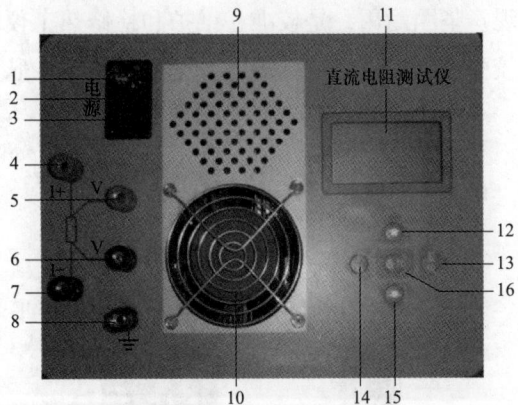

图 4-4-4 仪器面板图

1—交流电源插座；2—保险插座（4A）；3—电源开关；4—电流线插座 I+（红色）；5—电压取样插座 V+（绿色）；6—电压取样插座 V-（黄色）；7—电流线插座 I-（黑色）；8—接地插座；9—通风口；10—风机排风口；11—液晶显示屏；12—↑翻键；13—复位；14—测量；15—↓翻键；16—选择键

流，选择合适挡位测试电流。

（7）按测试键开始测试，等待测试值显示稳定后再进行读数和记录直流电阻测试结果。

（8）记录被试绕组温度即变压器上层油温。

（9）记录完毕后停止直流电阻测试仪，在其放电完毕后，拆除试验接线。试验完毕或换相时则应先按下停止按钮，等电荷释放约1min后再取下测试导线。

（10）试验接线全部拆除干净，工作负责人检查并拍照存档。将被试设备恢复至试验前状态。

（11）测量结束后，根据试验结果判断试验数据是否合格，如果不合格，应查明原因并重新测量；如果是设备本身问题，应向项目经理及电站相关人员汇报。其中，相间互差不大于2%（警示值）；同相初值差不超过±2%（警示值）。

（六）试验接线图

三相变压器绕组直流电阻测量接线图见图4-4-5。

对于数字式直流电阻测试仪，以三相变压器为例，有中性点时测其相电阻（AO、BO、CO），没有时测量线电阻（ab、bc、ca）。

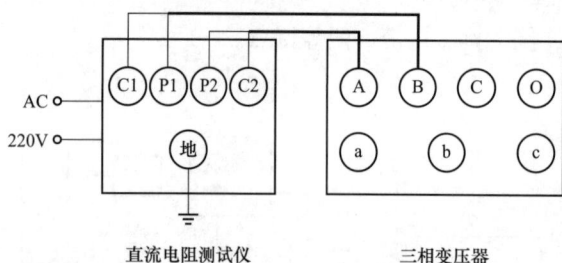

图4-4-5 三相变压器绕组直流电阻测量接线图

三、过程校验仪

（一）设备概述

校验仪是专为校验热工二次仪表、压力仪表和分散控制系统而设计的高性能仪表，它造型美观、坚固耐用，是校准、维护和检修热工仪表的理想工具。

校验仪可测量电流、电压、电阻、频率、脉冲、通断（开关）。过程校验仪见图4-4-6。

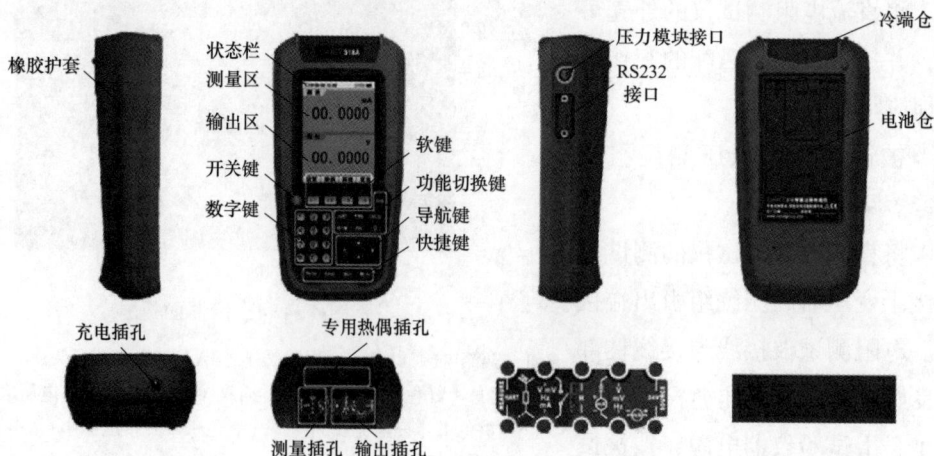

图4-4-6 过程校验仪

校验仪功能键见表 4-4-3。

表 4-4-3 校 验 仪 功 能 键

序号	按键	说明
1	⏻	电源开关键
2	HART	启动 HART 通信功能（HART 协议即可寻址远程传感器高速通道的开放通信协议）
3	V/Hz	选择毫伏、伏、频率、脉冲测量或输出
4	Ω/⏦	选择电阻、开关测量；或者选择电阻输出功能
5	TC/RTD	选择热电阻、热偶测量或者输出
6	mA	选择电流测量或者输出功能
7	⏚	选择压力测量或者输出功能（仅限压力模块可用）
8	Task	启动任务管理功能
9	Setup	进入系统设置界面
10	Save	快照存储键（长按此键，直接进入快照管理）
11	Esc	退出或返回；在计算器工具中，相当于清除键
12	Enter	完成或确定；在计算器工具中，相当于得到计算结果的按键
13	◀▲▶▼	激活测量或输出区域，微调输出值； 展开设置，选择列表中选项等； 在计算器工具中，相当于加减乘除键
14	软键	根据操作过程，赋予相应功能
15	数字键	在 ABCPad 中选择相应字符进行输入

（二）注意事项

（1）在切换到另外一项测量或者输出项目前，请断开测试线的连接。

（2）不要用手触碰测试线端口处的金属部分，以防止引入误差。

（3）严禁在任意两个电气插孔之间施加 30V 以上的电压（30V 电压测量挡除外）。

（4）切勿使校验仪内部进水，请定期对校验仪进行清洁保养。

（5）严禁使用非指定的适配器进行充电，当电池图标出现闪烁时，请及时充电。

（三）基本操作

1. 基本操作模式

当校验仪开机启动后，校验仪将进入基本操作模式（见图 4-4-7）。基本操作模式下的

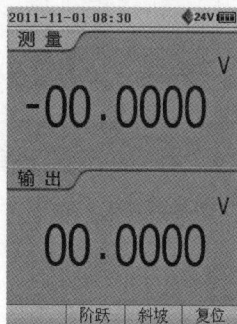

图 4-4-7 基本操作模式（主界面）

主界面分为测量区、输出区和软键区。按"上/下"导航键可将当前焦点在测量区和输出区之间循环切换，同时软键区将显示与当前焦点所在区域相关联的各种操作。

在基本操作模式下，校验仪提供以下操作：

（1）进行信号测量和清零操作（如果允许清零）。

（2）提供输出/模拟信号，支持阶跃输出、斜坡输出、设定值输出和输出复位等多种方式调整输出值。

（3）提供快照抓取功能。

2. 测量

在基本操作模式下，如果当前焦点在测量区，可以按功能切换键（V/Hz、Ω、TC/RTD、mA 或 ）弹出相关联的测量项目列表；如果当前焦点在输出区，可以连续按功能切换键两次来弹出相关联的测量项目列表。在弹出的测量项目列表中，选择您要进行测量的项目，也可用"上/下"导航键把焦点切换到测量区以进行测量相关操作（设置测量项或清零测量值）。

（1）毫伏测量。使用校验仪测量毫伏过程如下：

1）请参考图 4-4-8 电压（毫伏）测量方式进行连线。

2）当焦点在测量区，按 V/Hz 键一次弹出相关联测量项目列表；否则连续按 V/Hz 键两次。

3）用"上/下"导航键选中弹出列表的第一项，再按"Enter"键或"确定"软键将测量切换到毫伏即可进行测量。

4）为了提高测量精度，可以按"清零"软键对测量值短路清零。

（2）电压测量。使用校验仪测量电压过程如下：

1）请参考图 4-4-8 进行连线。

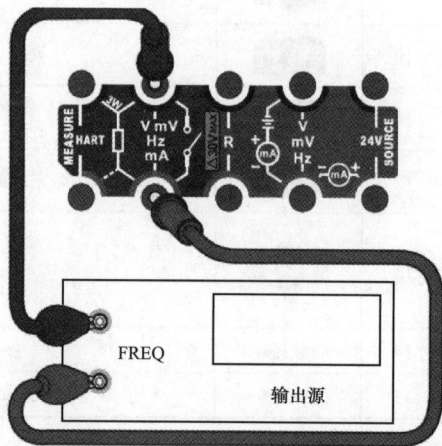

图 4-4-8 电压（毫伏）测量方式

2）当焦点在测量区，按 V/Hz 键一次弹出相关联测量项目列表；否则连续按 V/Hz 键两次。

3）用"上/下"导航键选中弹出列表的第二项，再按"Enter"键或"确定"软键将测量切换到电压即可进行测量。

4）为了提高测量精度，可以按"清零"软键对测量值短路清零。

（3）频率测量。使用校验仪测量频率过程如下：

1）请参考图 4-4-9（频率测量方式）进行连线。

2）当焦点在测量区，按 V/Hz 键一次弹出相关联测量项目列表；否则连续按 V/Hz 键两次。

3）用"上 / 下"导航键选中弹出列表的第三项，再按"Enter"键或"确定"软键将测量切换到频率即可进行测量。

（4）脉冲计数。使用校验仪对脉冲计数过程如下：

1）请参考图 4-4-10 脉冲计数方式进行连线。

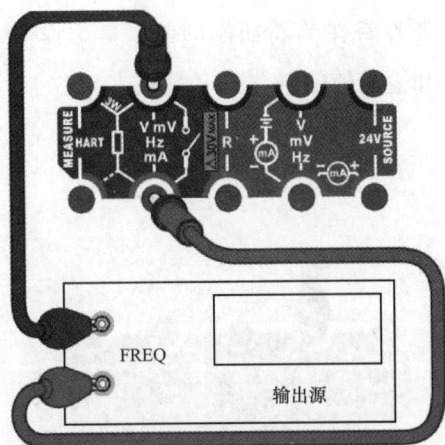

图 4-4-9　频率测量方式

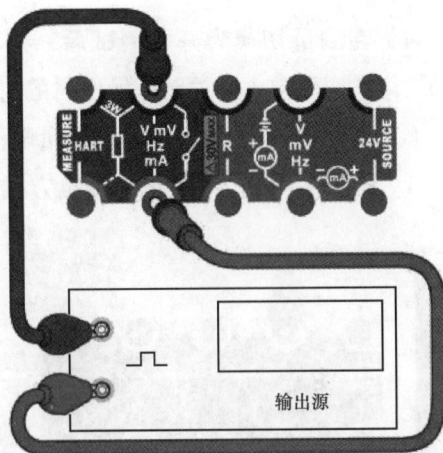

图 4-4-10　脉冲计数方式

2）当焦点在测量区，按 **V/Hz** 键一次弹出相关联测量项目列表；否则连续按 **V/Hz** 键两次。

3）用"上 / 下"导航键选中弹出列表的第四项，再按"Enter"键或"确定"软键将测量切换到脉冲即可进行计数。

4）在测量区切换为脉冲计数后，可按"设置"软键进入脉冲触发沿设置界面。

5）完成一次计数后，按"清零"软键对计数进行清零以进行下一次脉冲计数。

（5）电阻测量。使用校验仪测量电阻过程如下：

1）请参考图 4-4-11 电阻测量方式并根据需要进行连线。

2）当焦点在测量区，按 **Ω** 键一次弹出相关联测量项目列表；否则连续按 **Ω** 键两次。

3）用"上 / 下"导航键选中弹出列表的第一项（量程：0～400Ω）或第二项（量程：0～4000Ω），再按"Enter"键或"确定"软键将测量切换到电阻即可进行测量。

4）为了提高测量精度，可以按"清零"软键对测量值短路进行清零。

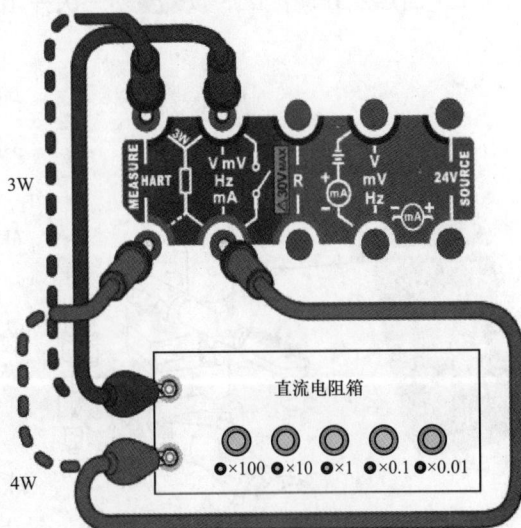

图 4-4-11　电阻测量方式

（6）开关测试。使用校验仪进行开关测试过程如下：

1）请参考图 4-4-12（开关测试方式）进行连线。

2）当焦点在测量区，按 [Ω/⊶] 键一次弹出相关联测量项目列表；否则连续按 [Ω/⊶] 键两次。

3）用"上 / 下"导航键选中弹出列表的第三项，再按"Enter"键或"确定"软键即可进行测量。

4）在测量切换为开关测试后，按"查看"软键可查看开关的动作记录（最多存储十条），每条记录包含开关动作触发时的时间、开关状态和输出值信息。

（7）电流测量。使用校验仪测量电流过程如下：

1）请参考图 4-4-13 电流测量方式进行连线。

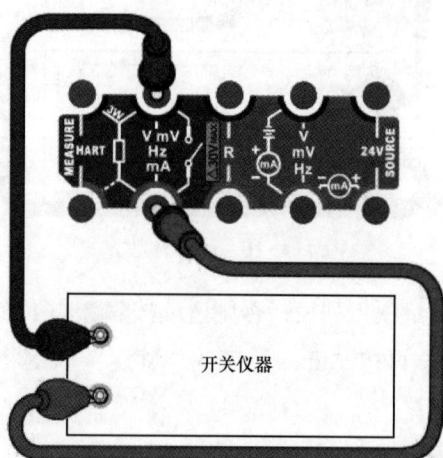

图 4-4-12　开关测试方式

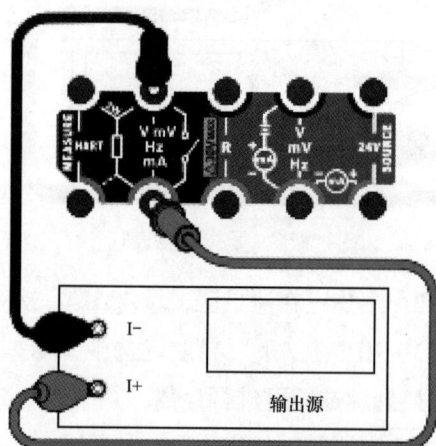

图 4-4-13　电流测量方式

2）当焦点在测量区，按 [mA] 键一次弹出相关联测量项目列表；否则连续按 [mA] 键两次。

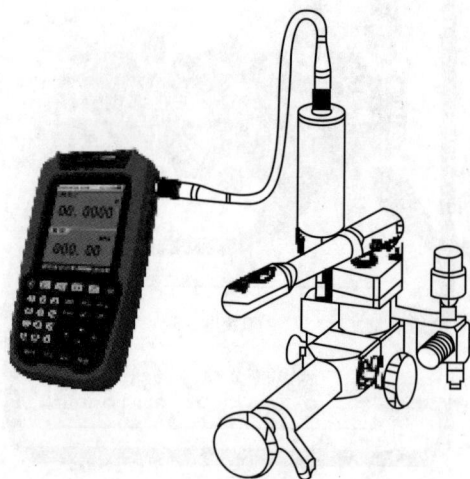

图 4-4-14　压力测量方式

3）用"上 / 下"导航键选中弹出列表的第一项，再按"Enter"键或"确定"软键将测量切换到电流即可进行测量。

4）为了提高测量精度，可以按"清零"软键使测量值短路清零。

（8）压力测量（仅限压力模块可用）。使用校验仪测量压力过程如下：

1）请参考图 4-4-14 压力测量方式进行连线。

2）当焦点在测量区，按 [Ω] 键一次弹出相关联测量项目列表；否则连续按 [Ω] 键两次。

3）用"上 / 下"导航键选中弹出列表的第一项，再按"Enter"键或"确定"软键将测量切换到压力即可进行测量。

4）为了提高测量精度，可以按"清零"软键对测量值清零。

（9）热电偶测量。使用热电偶测量温度过程如下：

1）请参考图4-4-15进行连线。

2）当焦点在测量区，按 TC/RTD 键一次弹出相关联测量项目列表；否则连续按 TC/RTD 键两次。

3）用"上／下"导航键选中弹出列表的第一项，再按"Enter"键或"确定"软键将测量切换到热电偶即可进行温度测量。

4）在测量区切换为热电偶测量温度后，按"设置"软键进入热电偶测量设置界面，在该设置界面可以选择热电偶传感器类型、温度单位（℃、K、℉）和冷端补偿方式等。

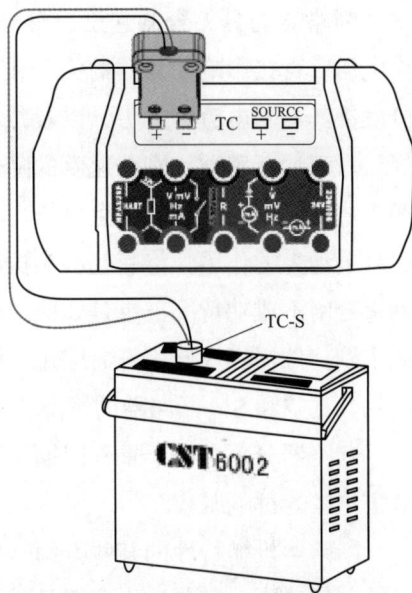

图4-4-15 热电偶测量（温度）方式

5）为了提高温度测量精度，可以在毫伏电压测量时按"清零"软键对毫伏电压测量值短路清零。

（10）热电阻测量（温度）。使用热电阻测量温度过程如下：

1）请参考图4-4-16进行连线。

2）当焦点在测量区，按 TC/RTD 键一次弹出相关联测量项目列表；否则连续按 TC/RTD 键两次。

3）用"上／下"导航键选中弹出列表的第二项，再按"Enter"键或"确定"软键将测量切换到热电阻即可进行温度测量。

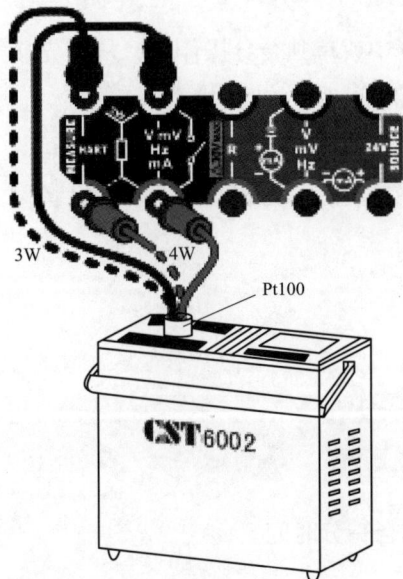

图4-4-16 热电阻测量（温度）方式

4）在测量区切换为热电阻测量温度后，按"设置"软键进入热电阻测量设置界面，在该设置界面可以选择热电阻传感器类型、温度单位（℃、K、℉）和接线方式（二线制、三线制、三线制）。

5）为了提高温度测量精度，可以在电阻测量时按"清零"软键对电阻测量值短路清零。

四、断路器特性测试仪

（一）高压断路器的机械特性试验的必要性

断路器一般由触头系统、灭弧系统、操作机构、脱扣器、外壳等构成。断路器是能够关合、承载和开断正常回路条件下的电流并能关合、在规定的时间内承载和开断异常回路条件下的电流的开关装置。

断路器的分、合闸速度，分、合闸时间，分、合闸不同期程度，以及分合闸线圈的动作电压，直接影响断路器的关合和开断性能。断路器只有保证适当的分、合闸速度，才能充分发挥其开断电流的能力，以及减小合闸过程中预击穿造成的触头电磨损及避免发生触头熔焊。对于油断路器，刚分速度的降低将使燃弧时间增加，特别是在切断短路故障时，可能使触头烧损、喷油，甚至发生爆炸。而刚合速度的降低，若合闸于短路故障时，由于阻碍触头关合电动力的作用，将引起触头振动或使其处于停滞状态，同样容易引起爆炸，特别是在自动重合闸不成功情况下更是如此。反之，速度过高，将使运动机构受到过度的机械应力，造成个别部件损坏或使用寿命缩短。同时，由于强烈的机械冲击和振动，还将使触头弹跳时间加长。真空和 SF_6 断路器的情况相似。

断路器分、合闸严重不同期，将造成线路或变压器的非全相接入或切断，从而可能出现危害绝缘的过电压。

断路器机械特性的某些方面是用触头动作时间和运动速度作为特征参数来表示的，在机械特性试验中一般最主要的是刚分速度、刚合速度、最大分闸速度、分闸时间、合闸时间、合—分时间、分—合时间及分、合闸同期性等。

1. 部分时间参量的定义

（1）分闸时间。是指从断路器分闸操作起始瞬间（接到分闸指令瞬间）起到所有极的触头分离瞬间为止的时间间隔。

（2）合闸时间。是指处于分位置的断路器，从合闸回路通电起到所有极触头都接触瞬间为止的时间间隔。

（3）分—合时间。是断路器在自动重合闸时，从所有极触头分离瞬间至首先接触极接触瞬间为止的时间间隔。

（4）合—分时间。是断路器在不成功重合闸的合分过程中或单独合分操作时，从首先接触极的触头接触瞬间起到随后的分操作时所有极触头均分离瞬间为止的时间间隔。

（5）分闸与合闸操作同期性。是指断路器在分闸和合闸操作时，三相分断和接触瞬间的时间差，以及同相各灭弧单元触头分断和接触瞬间的时间差，前者称为相间同期性，后者称为同相各断口间同期性。

2. 测量项目

在断路器的现场试验中，一般应进行以下测量：

（1）分闸时间。

（2）合闸时间。

（3）分、合闸同期性。

对于具有重合闸操作的断路器，还需测量分—合时间和合—分时间。

3. 速度参量的定义

（1）触头刚分速度。指开关分闸过程中，动触头与静触头分离瞬间的运动速度。技术条件无规定时，国家标准推荐取刚分后 0.01s 内平均速度作为刚分点的瞬时速度，并以名义超程的计算点作为刚分计算点。

（2）触头刚合速度。指开关在合闸过程中，动触头与静触头接触瞬间的运动速度。技术条件无规定时，国家标准一般推荐取刚合前 0.01s 内平均速度作为刚合点的瞬时速度，并以名义超程的计算点作为刚合计算点。

（3）最大分闸速度。指开关分闸过程中区段平均速度的最大值，但区段长短应按技术条件规定，如无规定，按 0.01s 计算。

（二）断路器特性测试

1. 断路器时间试验

仪器到现场后，请首先将仪器保护地与现场大地连接，方可进行其他接线与操作；试验完后，关掉仪器电源，再拆其他线，最后拆除地线。

三断口的开关，一端接地，一端接断口取信号测试，不可使开关两端都接地，否则无法完成测试，断路器断口（三断口）接线图见图 4-4-17。

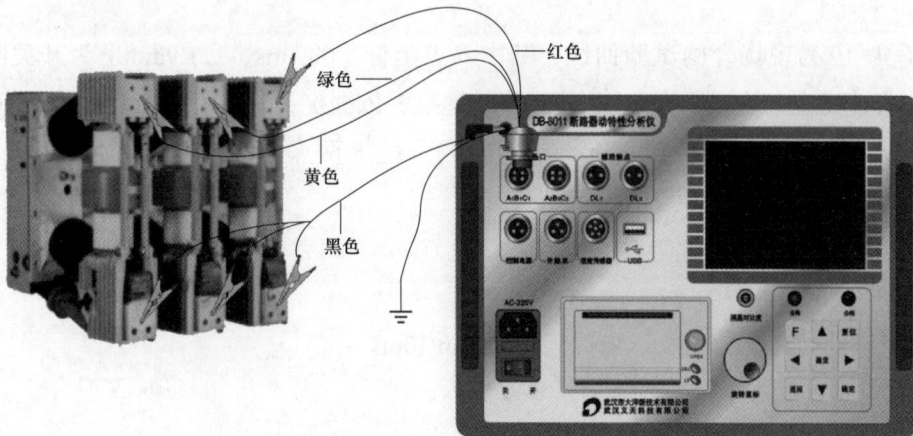

图 4-4-17　断路器断口（三断口）接线图

六断口的开关，测试时，中性点接地，开关断口端分别接到开关断口上，不能与地短接，否则无法完成测试，断口接线图（六断口）见图 4-4-18。

2. 断路器速度试验

根据现场断路器实际情况选择合适传感器进行安装测试，目前常用传感器分别有直线传感器、旋转传感器、加速度传感器、磁电传感器等几种。

直线传动部分被封闭在开关本体里面，其他传感器找不到安装地点。开关厂家出厂做速度试验时，在开关分合指示器或旋转轴上做试验，此种情况选用旋转传感器。

对所测得的"时间—行程"曲线进行分析可以得到相关的数据，当然最主要的是得到刚分刚合速度数据。

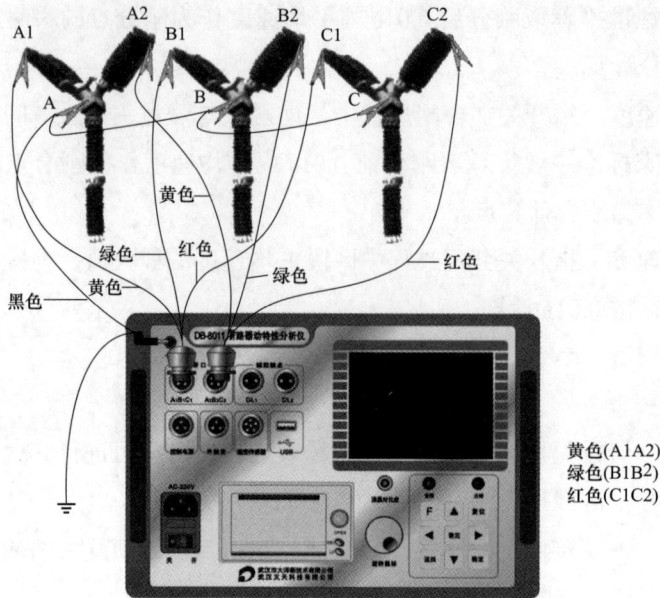

图 4-4-18　断口接线图（六断口）

图 4-4-19 为现场合闸试验曲线，其中 B 点坐标（60.4ms，121.9mm）为开关刚合点，开关的刚合速度定义为：刚合前 10ms 的平均速度，依据定义，将行程曲线上的 B 点往左移 ΔT 为 10ms，得到 A 点坐标（50.4ms，85.4mm），A、B 两点的纵坐标差值 ΔS 为 36.5mm 左右，A、B 两点即为合闸速度的两个定义点：

合闸速度：

$$v_1 = \Delta S/\Delta T$$
$$= 36.5\text{mm}/10\text{ms}$$
$$= 3.65\text{m/s}$$

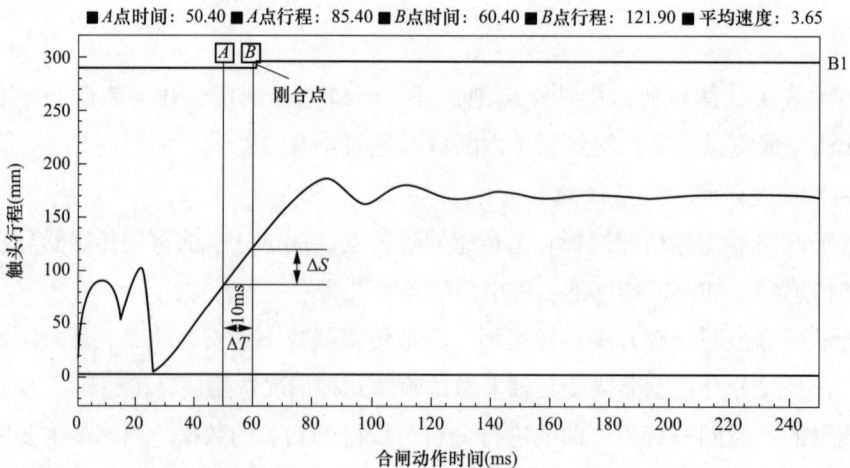

图 4-4-19　现场合闸试验曲线

图 4-4-20 为现场分闸试验曲线，其中 A 点坐标（27.9ms，117.0mm）为开关刚分点，开关的刚分速度定义为：刚分 10ms 的平均速度。依据定义，将行程曲线上的 A 点往右移 10ms，得到 B 点坐标（37.9ms，58.5mm），A、B 两点的纵坐标差值 ΔS，得到 B 点，A、B 两点即为刚分速度的两个定义点：

刚分速度：

$$v_2 = \Delta S/\Delta T$$
$$= 58.5mm/10ms$$
$$= 5.85m/s$$

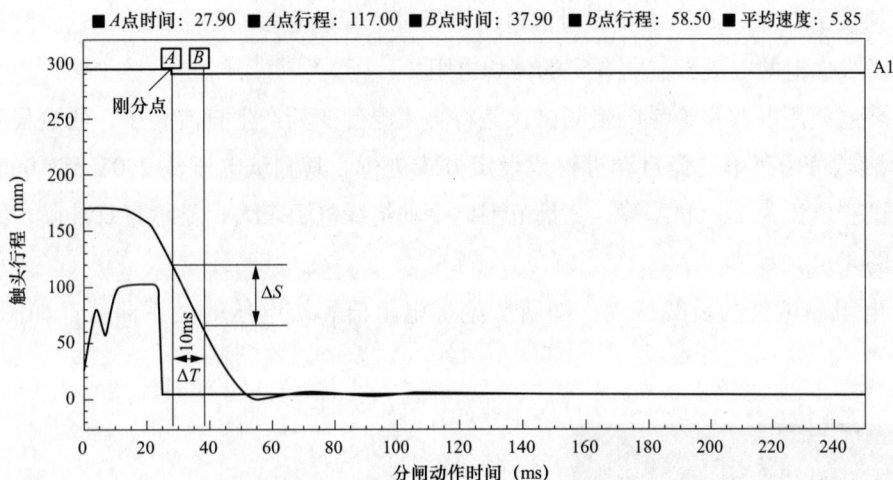

图 4-4-20　现场分闸试验曲线

测试过程：

（1）确保被测开关处于检测（检修）状态。

（2）高压开关两侧接地开关合上，开关也处于合闸状态。

（3）将仪器分别接两个不同位置的地线，以确保仪器可靠接地。

（4）将开关干扰强的一端三相短接接地，并接到仪器接地柱。这一侧的接地开关保持合位（假如开关的一端接有主变压器、互感器，或者靠近母线，应优先考虑三相短接接地）。T字形开关，那就把三相的中间点短接接地，如果遇到特殊情况，比如开关的一侧接有主变压器，就把有主变压器的那一侧短接。

（5）将开关的另一端分别接黄、绿、红信号线，并与仪器对应接好。

（6）传感器安装位置选择。①开关厂家在哪安装，便在哪安装。②能垂直安装的，尽量垂直安装。③选对速度定义及开关行程，线圈动作电压。④装好传感器信号线，并留有余量，避免开关动作时，损坏传感器及附件。

（7）仔细检查各线，确认无误后断开信号侧接地开关，开始测试。测试时，注意人员安全。

（8）测试完成后，开关处于合位时，拆除各线，最后一步拆除仪器接地线。

（9）整理好各种测试线，以便下次使用方便。

五、绝缘电阻测试仪

（一）设备概述

进行绝缘电阻试验所采用的设备为绝缘电阻测试仪，也叫绝缘电阻表，绝缘电阻表有三个接线端子：线路端子（L），接地端子（E），屏蔽（或保护）端子（G），被试品接在 L 和 E 之间。

G 用以消除绝缘试品表面泄漏电流的影响，在绝缘试验中，若在表面上缠上几匝裸铜线，并接到端子 G 上，则绝缘表面泄漏电流不流过绝缘电阻表的测量回路，这时测得的结果便是消除了表面泄漏电流影响的真实的体积电阻。

现在普遍使用的数字绝缘电阻测试仪是将直流电源变频产生直流高压，通过程序控制使各种绝缘测试可由菜单选择自动进行或设定方式进行。其测试电压从 250V 到 10000V 可设定选择；试验电流为 2、5mA 等；测量范围比手动绝缘电阻表大，显示直观准确，绝缘电阻测试仪见图 4-4-21。

绝缘电阻测试仪的负载特性，即所测绝缘电阻值和端电压的关系曲线，如图 4-4-22 所示。

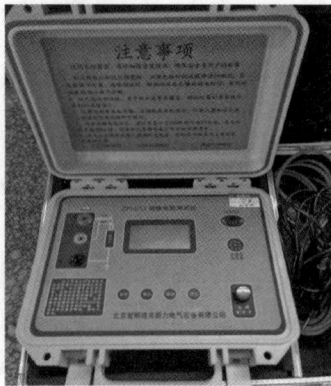

图 4-4-21 绝缘电阻测试仪

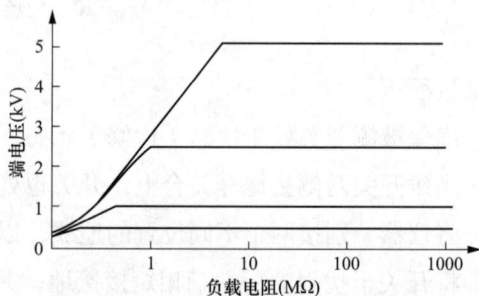

图 4-4-22 绝缘电阻测试仪负载特性

当绝缘电阻测试仪的容量较小，而被试品的吸收电流大、绝缘电阻值又低时，就会引起绝缘电阻测试仪的端电压急剧下降。此时，测得的吸收比和绝缘电阻不能反映真实的绝缘状况，故用小容量的绝缘电阻测试仪测量大容量设备的吸收比、极化指数和绝缘电阻时，其准确度较低。由此可见，不同类型的绝缘电阻测试仪，其负载特性不同。因此对于同一被试品，用不同型号的绝缘电阻测试仪测出的结果就有差异。

（二）测量电气设备绝缘电阻的必要性

绝缘材料在设备中不仅起到绝缘作用，从而保持导体之间电压差，而且还常常要起到支撑、固定导体甚至散热等作用。绝缘部分常属于最薄弱环节。设备绝缘的劣化，都有一个发展期，在这个发展期，绝缘材料会发出一些物理、化学信息，这些信息反映出绝缘状态的变化情况。

电力设备在设计和制造过程中可能存在一些质量问题，在安装运输过程中也可能出现损坏，由此将造成一些潜伏性故障。电力设备在运行中，由于受到电压、热、化学、机械振动及其他因素的影响，其绝缘性能会发生劣化，甚至失去绝缘性能，造成事故。

测量电气设备的绝缘电阻，是检查其绝缘状态最简单的辅助方法，能发现电气设备中影响绝缘的异物、绝缘受潮和脏污、绝缘油严重劣化、绝缘击穿和严重热老化等缺陷，可发现绝缘贯通性的集中缺陷和整体受潮，电气设备的绝缘电阻值会因为这些缺陷而变化。

（三）测量方法及注意事项

变压器绝缘电阻试验接线图见图 4-4-23。

（1）试验前先检查安全措施，被试品电源及一切外接线应拆除，被试品接地放电，勿用手直接接触放电导线。

（2）根据表面脏污及潮湿情况决定是否采用表面屏蔽及清扫干净表面脏污方式，以消除表面对绝缘电阻数值的影响。

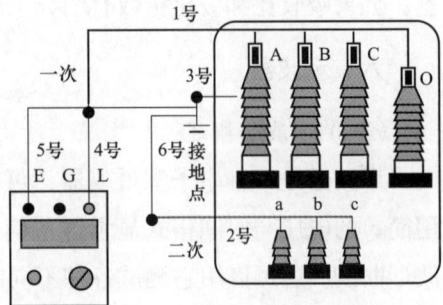

图 4-4-23 变压器绝缘电阻试验接线图

（3）放稳绝缘电阻表，检验绝缘电阻表是否完好；选择试验电压进行测试；分别读取 15s 和 60s 或 10min 时的绝缘电阻值。

（4）试验完毕或重复试验时，必须将被试品对地放电，以保证人身、仪器安全和提高测量准确度。

（5）若测得的绝缘电阻值过低或三相不平衡时，应进行解体试验，查明绝缘不良部分。

（四）影响绝缘电阻的因素

1. 温度的影响

温度对绝缘电阻的影响很大，一般绝缘电阻是随温度上升而减小的。

2. 湿度的影响

湿度对表面泄漏电流的影响较大，绝缘表面吸附潮气，瓷套表面形成水膜，常使绝缘电阻显著降低。

3. 放电时间的影响

每测完一次绝缘电阻后，应将被试品充分放电，放电时间应大于充电时间，以利于将剩余电荷放尽。

4. 感应电压的影响

由于带电设备与停电设备之间的电容耦合，使得停电设备带有一定电压等级的感应电压，影响测试结果。

5. 绝缘电阻表最大输出电流值的影响

测量大容量被试设备绝缘电阻时，绝缘电阻表最大输出电流应不低于3mA，否则会影响测量准确度。

（五）分析判断

（1）所测的绝缘电阻应等于或大于一般容许的数值（见有关规定）。

（2）将所测的绝缘电阻，换算至同一温度，并与出厂、交接、历年、大修前后和耐压前后的数值进行比较；与同型设备、同一设备各相之间比较。比较结果均不应有明显的降低或较大的差异；否则应引起注意，对重要的设备必须查明原因。

（3）对电容量比较大的高压电气设备，主要以吸收比值和极化指数的大小为判断的依据。如果吸收比和极化指数有明显下降，说明绝缘受潮，或油质严重劣化。

六、示波器

（一）示波器概述

示波器是一种电子测量仪器，可以在无干扰的情况下监控输入信号，随后以图形方式采用简单的电压与时间格式显示这些信号。利用示波器能观察各种不同信号幅度随时间变化的波形曲线，还可以用它测试各种不同的电量，如电压、电流、频率、相位差、调幅度等。

（二）示波器的常见应用场景

（1）观察信号波形。示波器最基本的功能是显示电压信号随时间的变化情况。通过连接示波器的探头到电路中的测量点，可以观察到信号的波形、幅值、频率、相位等特征。这对于分析和诊断电路中的问题非常有帮助。例如检查信号是否正常，观察信号的噪声或失真情况等。

（2）测量电压和频率。示波器可以直接测量电压信号的幅值和频率。通过调整示波器的垂直和水平刻度，可以准确地测量信号的幅值和周期，并计算出频率。这对于验证电路设计的正确性、测量信号的幅值范围，以及检测信号的频率稳定性都非常有用。

（3）捕获瞬态事件。示波器具有高速采样率和存储功能，可以捕获和显示瞬态事件，如脉冲、脉冲宽度调制（PWM）信号、电路开关瞬间等。通过调整示波器的触发设置，可以捕获特定的瞬态事件，并对其进行分析和测量。

（4）分析频谱特性。一些示波器具有频谱分析功能，可以将时域信号转换为频域信号，显示信号的频谱特性。这对于分析信号的频谱分布、检测频率成分、查找干扰源等非常有用。通过使用频谱分析功能，可以识别和排除电路中的干扰问题。

（5）校准和对比信号。示波器可以用作校准和对比信号的工具。通过将已知的参考信号输入示波器，可以校准示波器的垂直和水平刻度，确保测量结果的准确性。此外，可以将不同信号源的波形进行对比，以检查它们之间的差异和一致性。

（6）抑制差模噪声。差模噪声产生在相线与中性线之间。

（三）示波器的基本使用

1. 示波器的使用步骤

（1）准备工作。确保示波器和待测电路处于关机状态，并连接所需的电源线和探头。如果需要测量某个特定电路或信号，请查找相关的接线图和技术规格表。

（2）开机设置。打开示波器电源，等待一段时间使其预热，通常为几分钟。在开机过程中，示波器会进行自检和校准，检查其功能是否正常。

（3）设置触发模式。触发模式确定了示波器何时开始采样数据。常见的触发模式包括自动、正边沿、负边沿、宽度、视频等。根据需要选择触发模式，并设置触发电平和触发沿。

（4）设置时间基准。时间基准决定了示波器在屏幕上显示的时间跨度和分辨率。示波器通常提供多个时间基准，包括毫秒、微秒、纳秒等。根据测量的信号周期和频率选择适当的时间基准，并调整时间轴以便观察波形。

（5）设置垂直灵敏度。垂直灵敏度决定了示波器在屏幕上显示电压的幅度。示波器通常提供几个不同的垂直灵敏度挡位，用于显示不同幅度的信号。根据待测信号的幅度和测量要求，选择适当的垂直灵敏度，并调整垂直刻度以便波形完整地显示在屏幕上。

（6）连接和调整探头。将示波器探头连接到待测电路上，要确保探头的接地夹与待测电路的地相连。由于探头连接到待测电路上，探头会对待测电路的性能造成影响，因此要确保探头的电容和电阻参数适当，并通过调整探头，减小信号失真。

（7）获取波形。通过调整触发和时间基准设置及示波器屏幕上的水平和垂直刻度，可以观察到待测电路的波形；通过调整触发和时间基准设置，改变波形的水平和垂直位置，让波形居中并适应屏幕上的显示区域。

（8）分析波形。通过观察波形的形状、频率、幅度、周期等特征，可以对待测电路的性质进行分析和诊断。例如，可以通过测量峰峰值、峰值、平均值、频率等参数来评估信号的质量和稳定性。

（9）调整测量参数。示波器通常具有多种测量参数，例如峰峰值、峰值、平均值、频率、周期、占空比等。可以根据需要选择测量参数，并调整参数的设置和显示格式。

（10）关机。测试完成后，及时关闭示波器电源，并断开与待测电路的连接。此外，还需将各项设置为默认值，以备下次使用。

2. 示波器的操作技巧

（1）探头的正确连接。示波器使用探头连接被测电路。探头有地线和信号线，地线连接到电路的地点，信号线连接到测量点。正确连接探头是确保准确测量的关键。通常，地线应连接到电路的地点，信号线应连接到要测量的信号点。

（2）垂直和水平刻度的设置。示波器有垂直和水平刻度，用于调整波形的幅值和时间尺度。根据被测信号的幅值范围和时间周期，调整示波器的垂直和水平刻度，使波形适合屏幕显示，以便进行观察和测量。

（3）触发设置。示波器的触发功能用于确定何时开始采集波形数据。通过设置触发电平、触发边沿和触发源，可以确保示波器在正确的时刻捕获和显示波形。触发设置的正确选择对于稳定显示和分析波形至关重要。

（4）存储和回放波形。示波器通常具有存储功能，可以将采集的波形数据保存到内部存储器或外部存储介质中。存储波形数据后，可以进行回放、分析和比较，以便更详细地研究和诊断电路中的问题。

（5）使用测量功能。示波器通常提供各种参数的测量功能，如幅值、频率、周期、占空比等。了解并使用这些测量功能可以方便地获取波形的相关参数，并进行更深入的分析和比较。

3. 使用示波器的注意事项

（1）机箱必须接地。为了安全起见，示波器的机柜必须接地。通电前检查电源线是否磨损、断裂、裸露，以免触电；检查电源电压与仪器工作电压是否一致。

（2）注意使用环境。避免在阳光直射或明亮的环境中使用示波器。在强光下使用示波器时，要使用遮光罩，注意光斑不要长时间停留在一个点上，以免损伤屏幕。也要避免在强磁场中使用示波器（比如大功率变压器会在其周围产生强磁场），因为测得的波形会受鬼影和噪声干扰，甚至显示的波形也会因为外界磁场的影响而失真。

（3）测试前评估。在测试之前，应首先估计被测信号的幅度。如果不清楚，可以先将示波器的 V/DIV 选择开关设置到最大位置，避免因电压过高而损坏示波器。

（4）注意延伸齿轮和旋钮的位置。大多数示波器都配有加长齿轮和旋钮。定量测量时，需要检查这些旋钮的状态，否则会造成读数误差。

（5）DC 输入模式首先接地。使用示波器的 DC 输入方式时，应先将示波器的输入接地，确定示波器的零基线，以便方便地测得被测信号的 DC 电压。

（6）高压测量要注意安全。使用示波器测试高压电路时，要特别注意安全。站在绝缘上，单手操作。不要触摸设备和其他接地物体，更不要触摸高压测试点。连接探头时，先切断高压测试电路的电源，接通后再进行测试。

（7）垂直模式的选择。同时观察两个通道的波形时，在垂直模式下按 ALT 键，即两个通道交替显示波形。如果只观察到一个波形，按 CH1 或 CH2 即可，但不要选择 ALT 交替模式，以免相互干扰。

（8）振幅控制。屏幕上显示波形的幅度必须通过调整电压衰减系数（伏特／格）控制在 8 格以内。如果超过 8 格，就无法观测，不利于示波器的正常工作。

（9）示波器可以用作高内阻电压表。示波器可以用作内阻很高的电压表。由于被测电路中存在一些内阻较高的电路，如果用普通万用表测量电压，由于万用表内阻较低，测量结果会不准确，还可能影响被测电路的正常工作。示波器的输入阻抗远高于万用表，因此测量结果不仅准确，而且不会影响被测电路的正常工作。

（10）注意测量信号的振幅。测得的信号电压不应超过示波器指定的输入端最大输入电压（峰值），以免损坏示波器。

（11）注意日常保养。

思　考　题

1. 力矩扳手的使用注意事项有哪些？
2. 手拉葫芦的使用注意事项有哪些？
3. 水平仪的使用注意事项有哪些？
4. 简述塞尺的使用方法。
5. 简述绝缘电阻测试仪的使用方法。
6. 简述相位仪、相序仪的使用场景。
7. 直流电阻测试仪的功能有哪些？
8. 示波器的使用注意事项有哪些？

第五章　维护基本技能

本章概述

本章属于基本技能类，主要为学员学习水力机械设备运维及检修打下坚实的基础。本章包含螺栓检查与紧固、低压电机维护、盘柜布线、透平油取样化验、绝缘油取样化验5部分内容。

学习目标

学习目标	
知识目标	1. 掌握螺栓分类、螺栓检查注意事项、螺栓紧固注意事项。 2. 熟悉低压电机日常检查维护、定期维护及自主维修主要内容。 3. 掌握盘柜低压电缆、导线选择原则，二次配线连接质量要求。 4. 掌握透平油取样危险点分析及预控措施，透平油取样工具、取样部位。 5. 掌握绝缘油取样危险点分析及预控措施，透平油取样工具、取样部位。
技能目标	1. 能进行螺栓检查及螺栓紧固工艺。 2. 能对低压电机机械进行日常检查、定期维护和自主维修。 3. 能进行低压盘柜电缆和导线正确连接。 4. 能正确进行透平油取样并进行化验。 5. 能正确进行透平油过流。 6. 能正确进行绝缘油取样并进行化验。

第一节　螺栓检查与紧固

一、螺栓基础知识

1. 螺栓定义

由头部和螺杆（带有外螺纹的圆柱体）两部分组成的一类紧固件。

2. 螺栓分类

头部形状：六角头、圆头、方形头、沉头等；

螺纹长度：全螺纹和半螺纹；

螺纹旋向：右旋和左旋，如图5-1-1（a）、图5-1-1（b）所示；

螺纹牙型：三角形、梯形、管形等，如图 5-1-1（c）、图 5-1-1（d）所示。

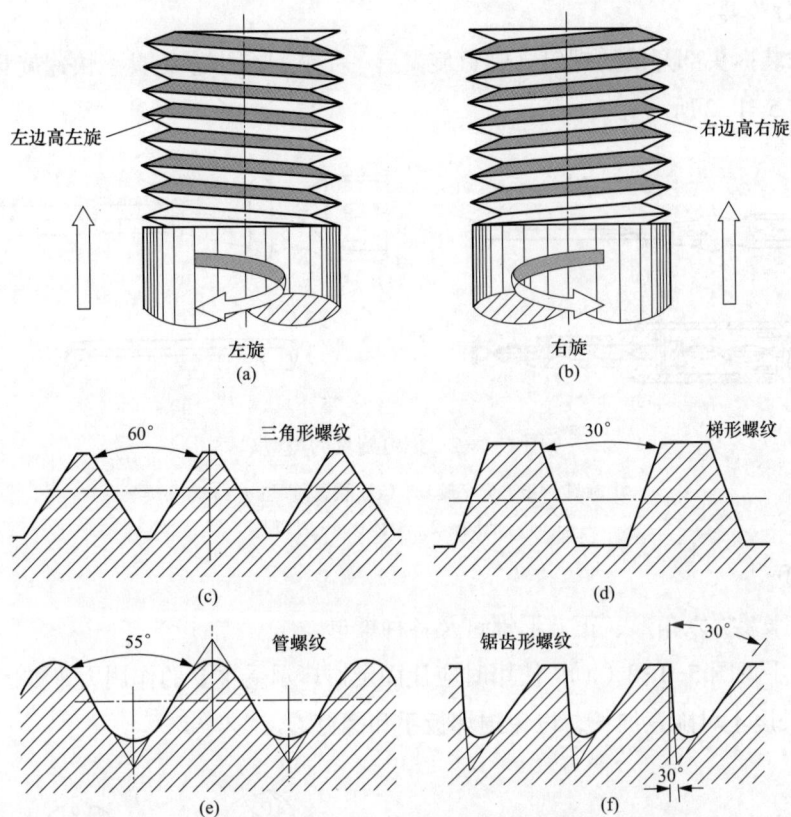

图 5-1-1 螺纹旋向与螺纹牙型

（a）螺纹左旋；（b）螺纹右旋；（c）三角形螺纹；（d）梯形螺纹；（e）管螺纹；（f）锯齿形螺纹

3. 常用螺栓规格

螺纹、扳手的规格如表 5-1-1 所示。

表 5-1-1　　　　　　　　　　　　螺纹、扳手的规格

螺纹直径（mm）	对边尺寸（mm）	扳手尺寸（mm）	螺纹直径（mm）	对边尺寸（mm）	扳手尺寸（mm）
M5	8	8	M18	27	27
M6	10	10	M20	30	30
M8	13	13/14	M22	32	32
M10	17	16/17	M24	36	36
M12	19	18/19	M27	41	41
M14	22	22	M30	46	46
M16	24	24	M36	55	55

二、螺栓装配常用工具

（一）螺钉旋具

主要用来装拆头部开槽的螺钉。螺钉旋具有一字旋具、十字旋具、快速旋具和弯头旋具等类型（如图5-1-2所示）。

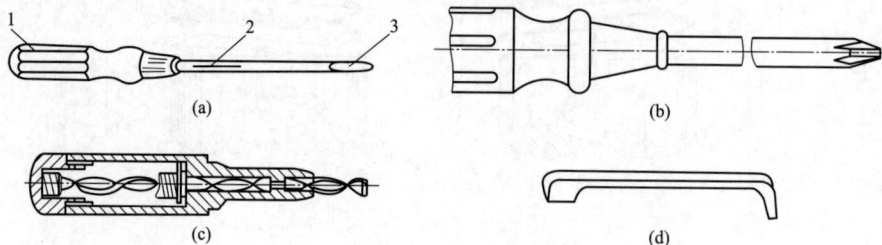

图5-1-2　螺钉旋具的类型

（a）一字旋具；（b）十字旋具；（c）快速旋具；（d）弯头旋具
1—把柄；2—刀体；3—刀口

（二）扳手

扳手可用来装拆六角形、正方形螺钉及各种螺母。

（1）活扳手见图5-1-3（a），使用时应让固定钳口承受主要的作用力［如图5-1-3（b）所示］，扳手长度不可随意加长，以免损坏扳手和螺钉。

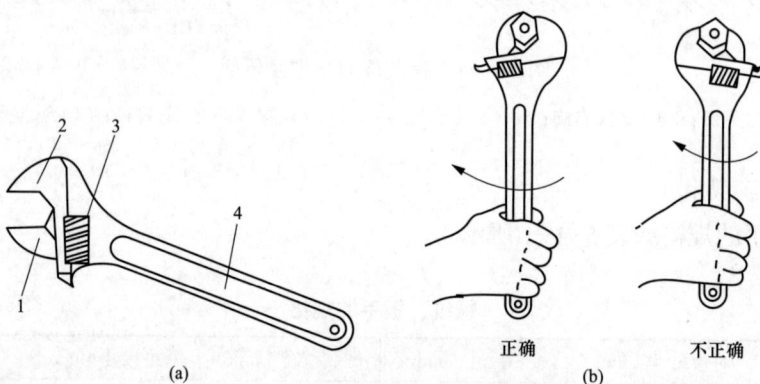

图5-1-3　活扳手及其应用

（a）活扳手；（b）活扳手的使用
1—活动钳口；2—固定钳口；3—螺杆；4—扳手体

（2）专用扳手只能拆装一种规格的螺母或螺钉。根据其用途不同可分为呆扳手、整体扳手、成套套筒扳手、钳形扳手和内六角扳手等类型（如图5-1-4所示）。

（3）特种扳手是根据某些特殊需要制造的，如图5-1-5所示的棘轮扳手，不仅使用方便，而且效率较高。

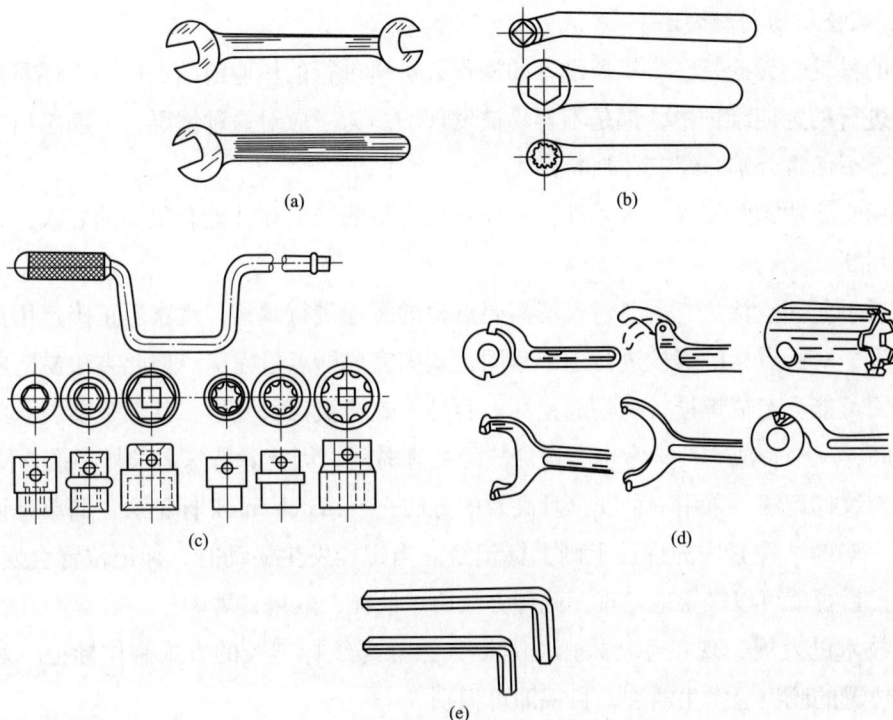

图 5-1-4 专用扳手的类型

（a）呆扳手；（b）整体扳手；（c）成套套筒扳手；（d）钳形扳手；（e）内六角扳手

三、螺栓的检查

对高强度螺栓进行检验，需要通过检验螺栓的扭矩系数来判定螺栓是否合格。

（一）检查方法

（1）用小锤敲击法对高强度螺栓进行普查，以防漏拧。

（2）检查数量按每个节点螺栓数的 10% 计，总数量不应少于 10 个。

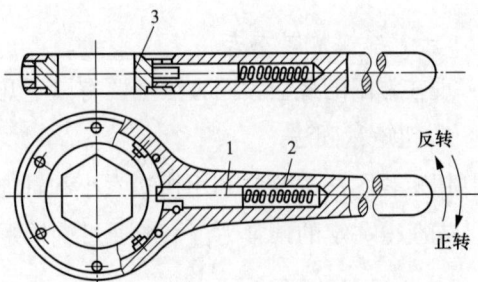

图 5-1-5 棘轮扳手

1—棘轮；2—弹簧；3—内六角套筒

（3）检查时，在螺尾端头和螺母相对位置划线，将螺母退回 60° 左右，用扭矩扳手测定拧回至原来位置的扭矩值。该扭矩值与施工扭矩值的偏差在 10% 以内为合格。

（4）如发现有不符合规定的，应再扩大 10% 检查，若仍有不合格者，则整个节点的高强度螺栓应重新拧紧。

（5）检查标准可参考 GB 50205《钢结构工程施工质量验收标准》，合格螺栓的扭矩系数平均值应在 11%～15%，扭矩系数标准偏差不大于 1%。

（二）螺栓松动判断方法

螺栓的松动，无论是在有机器设备的操作人员所进行的作业前的点检中，还是在设备维护人员所进行的定期维护中，都是不容易被发现的。为了应对这种情况，人们想出了各种各样的办法，下面将分别介绍三种判断方法。

（1）用听音法判断螺栓是否松动，需要对检查员的经验和技能有很高的要求，否则可能无法准确判断。

（2）扳手紧固点检法，需要对现场需要点检的螺栓进行观察，观察后正确选用扳手，调节好扭矩后，对所点检的螺栓进行逐个紧固，紧固完成即点检完毕。但此方法易造成螺栓被重复紧固，可能会造成螺栓、螺帽的损坏，容易使螺栓被拉长变形，甚至是断裂。此种方法既浪费时间，又浪费成本，常常也会增加故障处理时间，因此除特殊需求外不推荐使用。

（3）螺纹标记法。采用一种安全且高效的方法——Match mark 标记法，简单来说就是在螺栓组装完毕时，在紧固的螺栓上画上标记线。当螺栓发生松动时，标记位置会发生断裂，任何人通过目视就可以轻松地发现，此种方法简单便捷，效果显著。

随着技术的发展，现在经常采用对紧固处涂抹螺纹标记胶的方式制作标记。发生松动后，标记位置的胶痕会发生断裂，目视即可识别。

当然，现如今的某些行业也出现了使用巡检机器人代替人工的情况，先利用高清摄像头及传感器将数据发送到服务器端进行数据分析，再由检测人员判断是否出现螺栓松动的情况。

四、螺栓紧固

（一）螺栓紧固方法

现在常用的螺栓紧固方法主要有以下几种：

1. 扭矩紧固法

扭矩紧固法主要是利用扭矩大小和轴向预紧力之间的线性关系，让螺栓在承受外载荷之前，先获得一定的预紧力。一般通过旋转螺栓的螺母部分来对螺栓施加预紧力。

2. 转角控制法

转角控制法是通过控制螺母的旋紧角度来控制螺栓的预紧力，当螺母在螺栓上旋转一圈时，螺母距螺栓头的距离接近或远离一个螺纹螺距的距离。旋紧时，被连接件厚度变化很小，螺栓被拉长，根据弹性理论，螺栓伸长量与刚度系数的积即为螺栓的预紧力，如图 5-1-6 所示。

利用转角控制法紧固螺栓时，螺栓伸长量和螺栓预紧力的比例关系是在被连接件完全贴合并且被连接件和螺栓没有发生塑性变形的情况下才成立的，

图 5-1-6　转角控制法

因此在控制转角之前必须保证连接面是贴紧的，这就需要一个起始扭矩，起始扭矩之后进行转角控制，同时为了判断拧紧过程中质量的稳定性，通常也会对扭矩进行监控，一般扭矩也会在一定范围内。

转角控制法和扭矩紧固法是在实际应用中用得比较多的方法，操作相对简单，工具也是比较常用的工具。

转角控制法与扭矩紧固法相比可以把螺栓预紧力控制在比较窄的范围内，预紧力控制得更精准。相比较扭矩控制法，转角控制法操作起来比较麻烦，每个螺栓拧紧时都要测量旋转角度，效率相对较低，扭矩紧固法只需设定拧紧工具的力矩值即可。

3. 直接拉伸法

通常用于大型螺栓的紧固，多采用油压拉紧器来拧紧螺帽，如图 5-1-7 所示。拉伸时要监测螺栓伸长值，直至百分表所测的值比所需的值大 0.01～0.02mm 时为止。拧紧螺帽。

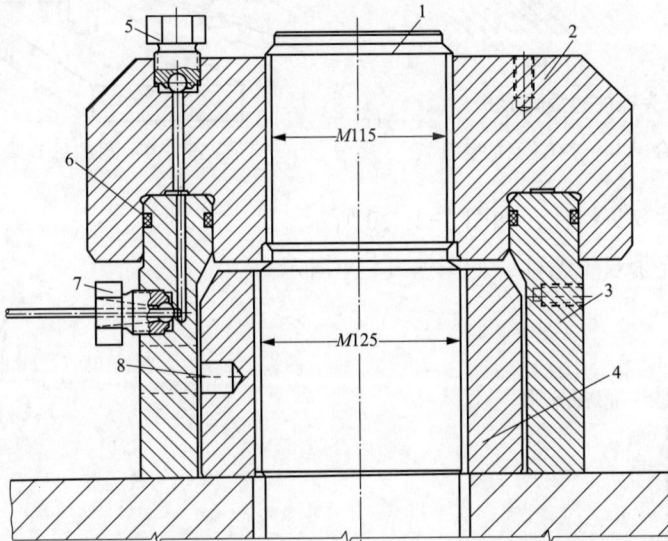

图 5-1-7　油压拉紧器来拧紧螺帽（M115、M125 为螺栓的两个直径）

1—需拧紧的螺杆；2—缸套螺母；3—活塞支承环；4—需拧紧的螺母；5—卸压阀；
6—密封圈；7—进油管高压接头；8—拧螺母的拨杆孔

（二）螺栓紧固工艺

1. 双头螺柱与螺纹装配工艺要点

（1）双头螺柱与螺纹装配要点：

1）应保证双头螺柱与机体螺纹配合有足够的紧固性。

2）可采用过盈配合，保证配合时有一定的过盈量；也可采用阶台形式紧固在机体上（双头螺柱的紧固形式如图 5-1-8 所示）；有时还可以采用螺纹最后几圈牙形沟槽浅一些，以达到紧固性的目的。

3）双头螺柱的轴心线必须与机体表面垂直，为保证垂直度，可采用90°角尺检验，当垂

117

直度误差较小时，可将螺孔用丝锥矫正后再装。

4）装配双头螺柱时，必须加注润滑油。

（2）双头螺柱常用旋紧方法：

1）两螺母旋紧双头螺柱，如图5-1-9所示。

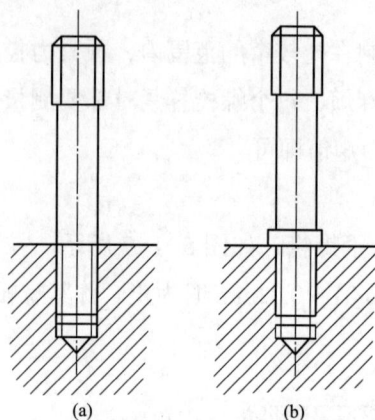

图5-1-8 双头螺柱的紧固形式

（a）具有过盈的配合；（b）带有阶台的紧固

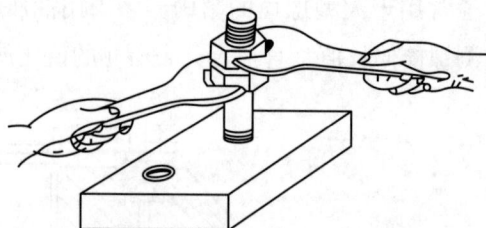

图5-1-9 两螺母旋紧双头螺柱

2）长螺母旋紧双头螺柱，如图5-1-10所示。

3）专用工具旋紧双头螺柱，如图5-1-11所示。

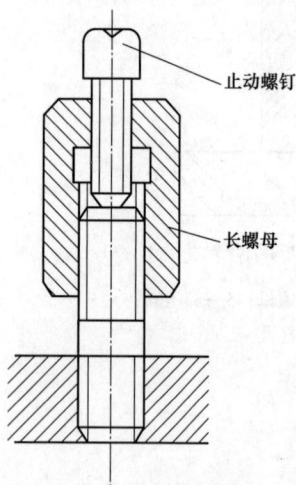

图5-1-10 长螺母旋紧双头螺柱

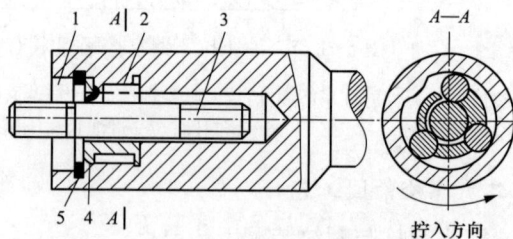

图5-1-11 专用工具旋紧双头螺柱

1—工具体；2—滚柱；3—双头螺柱；4—限位套筒；5—卡簧

2. 螺母与螺钉装配工艺要点

（1）螺钉不能弯曲变形，螺钉、螺母应与机体接触良好。

（2）被连接件应受力均匀，互相贴合，连接牢固。

（3）拧紧成组螺母时，需按一定顺序逐次拧紧。拧紧原则一般为从中间向两边对称扩展

（如图 5-1-12 所示）。

（4）螺栓紧固顺序原则：按先中间、后两边、对角、顺时针方向依次、分阶段紧固。

（5）一般分两段紧固：第一步拧 50% 左右的力矩；第二步拧 100% 的力矩。

（6）螺栓末端应露出螺母外 1～3 个螺距。

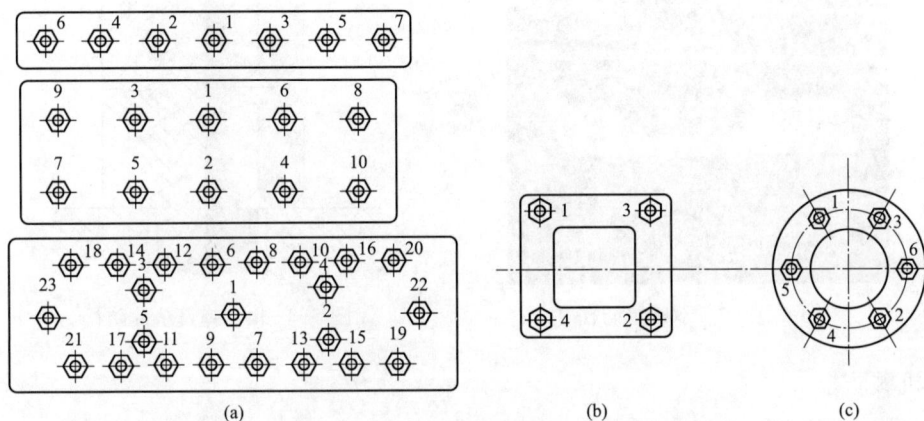

图 5-1-12　拧紧成组螺钉的顺序

（a）长方形；（b）方形；（c）圆形

3. 螺栓使用注意事项

（1）装配前应检查螺栓、螺母是否干净、生锈，有无毛刺、磕碰；检查被连接件与螺栓、螺母接触的平面是否与螺栓孔垂直；还应检查螺栓与螺母配合的松紧程度。

（2）螺母和平垫圈装配时，螺母和垫圈均反面靠近被连接件。螺母标有字样的一面为正面，垫圈圆滑一面的为正面。

（3）螺栓旋紧施力操作要领见表 5-1-2，需要特别说明的是，表中所提到的扭矩仅供参考，作业人员应根据现场实际工作环境或条件调整施加的力矩。

表 5-1-2　　　　　　　　　　　　　　　螺栓旋紧施力操作要领

螺栓规格（mm）	施加扭矩（N·m）	操作要领	螺栓规格（mm）	施加扭矩（N·m）	操作要领
M6	3.5	只加腕力	M16	71	加全身力
M8	8.3	加腕力、肘力	M20	137	加全身重量
M10	16.4	加全身臂力	M24	235	加全身重量
M12	28.5	加上半身力			

（4）螺纹连接在有冲击负荷作用或振动的场合时，应采用防松装置。防松装置的作用是防止螺纹副的相对转动，常见的螺栓防松方法有以下三种：

1）摩擦防松：

双螺母防松，用双螺母防松（如图 5-1-13 所示）。两螺母叠加紧固，螺栓始终受到双向拉力和摩擦力作用，结构简单紧固可靠。

弹簧垫片防松，用弹簧垫圈防松（如图 5-1-14 所示）。

弹簧垫圈被压平后，利用其反弹力
使螺纹间保持压紧力和摩擦力

图 5-1-13　双螺母防松

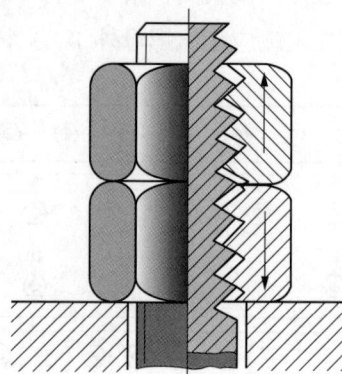

图 5-1-14　弹簧垫片防松

2）机械防松：

开口销与带槽螺母防松如图 5-1-15 所示。止动垫圈防松如图 5-1-16 所示。用串联钢丝防松如图 5-1-17 所示。

开口销从螺母的槽口和螺栓尾部的孔中
穿过，起防松作用。效果良好

图 5-1-15　开口销与带槽螺母防松

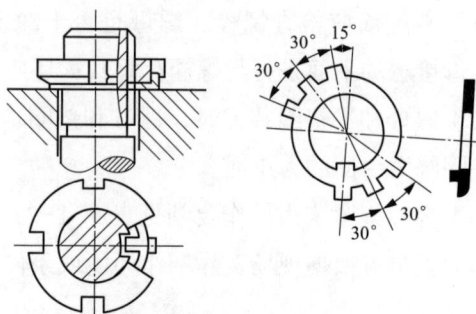

图 5-1-16　止动垫圈防松

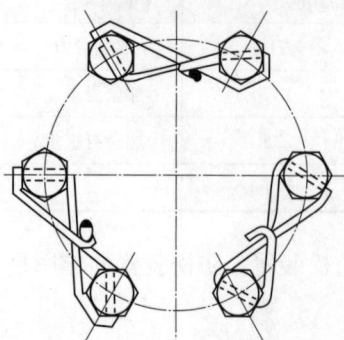

图 5-1-17　用串联钢丝防松

3）永久防松：

永久防松常见方式为冲边法防松、黏合防松。

（三）注意事项

（1）确保螺栓按要求逐个紧固，严禁出现漏打、跳打、重打的现象。

（2）确保螺纹润滑剂按润滑剂使用规范涂抹。

（3）确保螺栓头部标记清晰、规整。

第二节　低压电机维护

一、例行维护

例行维护检查分为日常检查、每月或定期巡回检查及年检。

在日常检查中，主要检查润滑系统、外观、温度、噪声、振动及异常现象，以及检查通风冷却系统、滑动摩擦状况及各部件的紧固情况，应认真做好检查记录。

每月或定期检查中，主要检查开关、配线、接地装置等是否有松动现象，有无破损部位，如有要提出计划和修理措施；检查粉尘堆积情况，要及时清扫；检查引出线和配线是否有损伤和老化问题；测试电动机绕组的绝缘电阻并记录。

每月巡回检查不得低于两次，并准确记录巡检情况。

每年的检查内容除上述项目之外，还要解体电动机进行抽心检查，清扫或清洗油垢，检查绝缘。

二、日常检查维护

电动机日常维护检查的要点是及早地发现设备的异常状态，及时进行处理，防止事故扩大。维护人员根据继保装置的动作和信号可以发现异常现象，也可以依靠维护人员的经验来判断事故苗头。

（一）外观检查

靠视觉可以发现下列异常现象：①电动机外部紧固件是否有松动，外部保护零部件是否有毁坏，轴承端面是否有渗漏油现象，设备表面是否有油污、腐蚀现象；电动机的各接触点和连接处是否有变色、烧痕和烟迹等现象。发生这些现象是由于电动机局部过热、导体接触不良或绕组烧毁等。②仪表指示是否正常。电压表无指示或不正常，则表明电源电压不平衡、熔丝烧断、转子三相电阻不平衡（电机各相电流与平均值的误差不应超过 10%）、单相运转、导体接触不良等。电流表指示过大，则表明电动机过载、轴承故障、绕组匝间短路等；电动机停转，造成的原因有电源停电、单相运转、电压过低、电动机转矩太小、负载过大、电压降过大、轴承烧毁、机械卡住等。

（二）声音检测

采用听诊棒靠听觉可以听到电动机的各种杂声，其中包括电磁噪声、通风噪声、机械摩擦声、轴承杂声等，从而可判断出电动机的故障原因。引起噪声大的原因在机械方面有轴承故障、机械不平衡、紧固螺钉松动、联轴器连接不符要求、定转子铁芯相擦等；在电气方面有电压不平衡、单相运行、绕组有断路或击穿故障、启动性能不好、加速性能不好等。

（三）味道检查

靠嗅觉可以发现焦味、臭味。造成这种现象的原因是电动机过热、绕组烧毁、单相运转、绕组故障、轴承故障等。

（四）振动检测

通过电动机运行状态可以发现电动机的振动现象。造成振动的原因是机械负载不平衡、各紧固部件有松动现象、电动机基础强度不够、联轴器连接不当、气隙不均或混入杂物、电压不平衡、单相运转、绕组故障、轴承故障等。

（五）温度检查

通过测温仪器可以直观检测出电动机的运行温度。造成电动机温度过高的原因是过载、冷却风道堵塞、单相运转、匝间短路、电压过高或过低、三相电压不平衡、加速特性不好使启动时间过长、定子和转子相擦、启动器接触不良、频繁启动和制动或反接制动、进口风温度过高、机械卡住等。

三、定期维护的主要内容

（一）清擦电机

及时清除电机机座外部的灰尘、油泥。若使用环境灰尘较多，最好每天清扫一次。

（二）检查和清擦电机接线端子

检查接线盒接线螺栓是否松动、烧伤。

（三）检查各固定部分

螺栓包括地脚螺栓、端盖螺栓、轴承盖螺栓等。应将松动的螺母拧紧。

（四）检查传动装置

检查皮带轮或联轴器有无破裂、损坏现象，安装是否牢固；皮带及其连接扣是否完好。

（五）电动机的启动设备

及时清擦外部灰尘、泥垢，擦拭触头，检查各接线部位是否有烧伤痕迹，检查接地线是否良好。

（六）轴承的检查与维护

应在轴承使用一段时间后对其进行清洗，更换润滑脂或润滑油。清洗和换油的时间，应随电机的工作情况、工作环境、清洁程度、润滑剂种类而定，一般每工作3～6个月，应该清洗一次，重新换润滑脂。油温较高，或环境条件差、灰尘较多的电机要经常清洗、换油。

（七）绝缘情况的检查

绝缘材料的绝缘能力因干燥程度的不同而有所差异，故检查电机绕组的干燥是非常重要的。电机工作环境潮湿、工作间有腐蚀性气体等因素的存在，都会破坏电绝缘。最常见的是绕组接地故障，即绝缘损坏，使带电部分与机壳等不应带电的金属部分相碰，发生这种故障，不仅影响电机正常工作，还会危及人身安全。因此在电机使用中，应经常检查绝缘电阻，还要注意查看电机机壳接地是否可靠。

测量电机的绝缘电阻，若使用环境比较潮湿，则必须加密测量，停用5天以上的电动机启动前必须检查绝缘电阻，通常使用500V绝缘电阻表测定380V电机。测得绝缘电阻值不应小于1MΩ，凡是运行中的电机停机检修或停用时间超过规定的限度，绝缘电阻低于1MΩ时，必须进行干燥处理，待测量正常后方可使用。

四、自主维修项目

除了按上述几项内容对电机进行定期维护外，运行一年后要检修一次。目的在于对电机进行一次彻底、全面的检查、维护，增补电机缺少、磨损的元件，彻底消除电机内外的灰尘、污物，检查绝缘情况，清洗轴承并检查其磨损情况。发现问题，应及时处理。

（1）包含月度检查维护的全部内容。

（2）检查清洗轴承，更换润滑油脂。根据检查情况必要时更换轴承。

（3）检查清扫电机内部，对零件进行清洗、防腐等工作。清扫内部时严禁使用金属工具，使用压缩空气时，空气要清洁，不能含有油和水。

（4）检查定子、转子情况，检查是否有松动、摩擦、局部过热或绝缘漆龟裂等现象，必要时进行回厂处理。

（5）检查接线柱、接线鼻相关附件情况，必要时更换。

（6）紧固所有的螺钉。

（7）调整风扇、风扇罩，并加固。

（8）检修完成后，必须认真填写检修记录，包括电机型号、设备代号、轴承型号、备件更换情况等。手动盘车无异常后进行试运转。

五、其他要求

（1）外委修理的条件，转子动平衡试验、更换线圈、修补加强绕组绝缘，以及绕组全部重绕更新等不具备自主修理条件的，联系具有相应实力和能力的修理厂修理，确保维修质量。

（2）如在保养周期内，电机出现异常情况，必须视情况提前进行保养。

（3）电气专业根据生产情况和运行情况合理安排电机保养，做到协同检修。

（4）应有维护保养记录。所有电机的润滑保养，其他维护保养，检查接线盒、引线、电缆鼻子、清灰等情况都必须在电机设备档案上做好记录，确保档案的完整性。

第三节 盘 柜 布 线

对于电力系统来说，二次回路一般包括控制回路、继电保护回路、测量回路、信号回路、自动装置回路。二次回路能对电力系统及一次设备的运行情况进行监测、控制、调节；更重要的是当一次设备发生故障时，它能迅速、有选择性地切除故障，以保障电力系统的安全运行；若二次接线有错误，则可能会使断路器该跳闸的不跳，不该跳闸的却跳闸了，就会造成设备损坏、电力系统瓦解的大事故。若测量回路有问题，就会影响计量，少收或多收用户的电费，同时也难判定电能质量是否合格。而二次回路中存在着大量的低压设备，通过配线将这些设备连接到一起构成具有所需功能的完整回路，本部分主要讲解低压盘柜布线的相关知识技能，包括低压电缆选择、电缆端子选择、电缆端子压接、低压电缆布线等方面的内容。

一、低压电缆选择及连接工艺

（一）低压电缆的选择

低压电压又分为支线和干线两种。支线是指启动器到电动机的电缆，向单台电动机供电；干线是指分路开关到启动器的电缆，向多台电动机供电。低压电缆的选择就是确定各低压电缆的型号、芯线数、长度和截面积等。

1. 低压电缆型号、芯数和长度的确定

（1）低压电缆型号的选择。

（2）确定电缆的芯线数目。

（3）确定电缆长度。

2. 低压电缆主芯线截面积的选择

低压电缆主芯线截面积必须满足以下几个条件：

（1）正常工作时，电缆芯线的实际温度应不超过电缆的长时允许温度，因此应保证流过电缆的最大长时工作电流不得超过其允许持续电流。

（2）正常工作时，应保证供电网所有电动机的端电压在额定电压的95%～105%，个别特别远的电动机端电压允许偏移8%～10%。

（3）距离远、功率大的电动机在重载情况下应保证能正常启动，并保证其启动器有足够的吸持电压。

（4）所选电缆截面积必须满足机械强度的要求。

在按上述条件选择低压电缆主芯线的截面积时，支线电缆一般按机械强度的最小截面积初选，按允许持续电流校验后，即可确定下来。选择干线电缆主芯线时，如干线电缆不长，应先按电缆的允许持续电流初选；当干线电缆较长时，应按正常时的允许电压损失初选。然后再按其他条件校验。具体选择方法如下：

1）按机械强度选择。

2）按允许持续电流选择。

3）按正常工作时的允许电压损失选择。

4）按启动时的电压损失校验。

由于电动机启动电流大，启动时低压电网中的电压损失比正常工作时的电压损失大得多。因此，必须满足电动机和电磁启动器的启动条件，否则无法启动。一般只需校验供电功率最大、供电距离最远的干线，如该干线满足启动要求，其他干线必能满足启动要求。

（二）电缆端子选择

影响电缆端子选择的重要因素如下。

1. 功率处理因素

首先需要考虑的因素之一是器件的功率处理能力。

目前，UL 等认证机构在确定接线端子产品的功率和性能规格时并没有统一的标准。用户需要理解 UL 和 LEC 规格间的差异。在欧洲制造的接线端子产品的规格采用 LEC 标准，而在美国制造的产品则采用 UL 标准。这两种标准之间的差异非常大。不了解产品规格测定方法的工程师会冒相当大的风险，因为选用的器件有可能会达不到所需要的功率水平，或者选用器件的规格远远超出了设计需要。在欧洲，器件的电流额定值是通过监测电流增加时金属导体的温度来确定的。当金属引脚的温度比环境温度高出 45℃时，测量人员就将这时的电流作为该器件的额定电流值（或最大电流值）。LEC 规格的另一项是允许电流值，它是最大电流的 80%。与此不同，UL 标准将使金属导体温度比环境温度高出 30℃时电流值的 90% 作为器件的电流标称值。由此可见，金属导体部分的温度在所有应用中都是非常重要的因素。

工业设备通常需要在温度高达 80℃的环境中工作，如果接线端子的温度比这一温度再高 30℃或 45℃，那么接线端子的温度将会超过 100℃。根据所选择器件采用的标称值类型和绝缘材料，产品必须以低于额定值的电流工作，这样才能保证它们可在所希望的温度范围内可靠地工作。有时，适合于紧凑封装器件的材料可能无法很好地满足散热要求，因此此类接线端子器件使用时的电流必须大大低于额定值。

2. 外观因素

随着电流增加，电缆变得更粗，而将这些粗的电缆紧固在接线端子上所需要的扭矩也需要增加。因此，电源端子需要更大的螺栓和更坚固的绝缘外壳。有时也会采用小螺栓来节约空间。

（三）电缆端子压接

1. 定义

压接是电缆组装过程中对电缆和端子进行的一种连接方式，通过施加一定的机械外力（指剥去电线的绝缘体，压着端子咬合至导体上），使两种材料精密地结合，从而达到导电的目的。因此只有精密的压接工具，才能保证良好的压接品质。

2. 功能

良好的压接端子能够减少电阻，减少压接处铜丝氧化，以及有牢固的紧密性和良好的导电性等各种优良性能。

3. 压接注意事项

（1）设备的安装和调试有无问题可直接影响端子压接质量的好坏。例如：模具有没有松动，端子有没有到位，模具里面有没有杂质等。

（2）员工手势的摆放，不正确的手势会造成各种不同的不良品。

二、导线选择及连接工艺

（一）导线的选择及剥切绝缘

1. 导线选用的一般原则

在选用导线时，一般要注意导线的型号、规格（导体截面积）、颜色。

（1）导线型号的选择。选用导线时，要考虑用途、敷设条件及安全性。二次盘柜布线常用的导线型号及参数见表 5-3-1。

表 5-3-1   二次盘柜布线常用的导线型号及参数

型号	名称	导线截面积（mm^2）	载流量（40℃）（A）	载流量（25℃）（A）	允许长期电流（A）
BV	铜芯聚氯乙烯绝缘导线	0.75	11	12.2	3.75～6
		1.0	15	17	5～8
		1.5	18	21	7.5～12
		2.5	25	28	12.5～20
		4	33	37	20～32
BVR	铜芯聚氯乙烯绝缘软导线	2.5	25	28	12.5～20
		4	33	37	20～32
		6	43	48	30～48

（2）导线规格的选择。确定导线的使用规格（导体截面积）时，应考虑发热、电压损失、经济电流密度、机械强度等选择条件，二次回路导线截面积的选择原则如下：

1）电流回路：一般在保护和测量仪表中，电流回路的导线截面积应保证电流互感器 10% 误差曲线的要求，一般不小于 $2.5mm^2$。

2）电压回路：电压互感器至计费用电能表的电压降不得超过电压互感器二次额定值的 0.5%，正常负荷下，至测量仪表和保护装置的电压降不得超过 3%。

3）控制回路：二次回路导线芯线和导线截面积的选择原则应该在正常最大负荷下，至各设备的电压降不得超过其额定电压的 10%。强电控制回路截面积不应小于 $1.5mm^2$，弱电控制回路截面积不应小于 $0.5mm^2$。

（3）导线颜色的选择。根据相关标准的规定选择导线颜色。二次回路导线的颜色均采用黑色或白色，若图纸或元器件等另有要求时，则按其要求。具体如下。

1）安全用的接地线：黄绿双色线。

2）装置和设备内部接线：黑色线。

3）计量回路导线颜色必须采用相序颜色，见表 5-3-2。

表 5-3-2　　　　　　　　　　　　　　计量回路导线颜色

导线相序	A 相	B 相	C 相	中性线（N）	接地线（P）
颜色	黄	绿	红	淡蓝	黄绿相间或透明软铜导线

（4）剥切导线绝缘：

1）用剥线钳剥去导线的绝缘层时，注意钳口与导线芯规格必须一致，防止损伤导线线芯。

2）剥线长度应正确合理，用冷压端头时，剥线长度应比冷压长度略长 0～1.5mm。

3）可借助圆嘴钳进行单股导线煨圆环，单股导线剥去绝缘层长度见表 5-3-3。

表 5-3-3　　　　　　　　　　　　　单股导线剥去绝缘层长度

螺丝直径（mm）	3	4	5	6	8
剥切线长度（mm）	15	18	21	24	28

（二）冷压端头的选择及压接工艺

1. 冷压端头的选择

多股导线在接入元器件端子或端子排接点时，应根据导线直径及接至元器件端子或端子排接点的形式和螺钉直径来选择冷压端头，禁止大面积线配小端头。一般采用 TU 型，但对电流回路应采用 TO 型，与窄端子连接应采用 TZ 型管状端头或 TZ 型针状端头。

2. 端头的使用

（1）圆形端头适用于接线螺钉固定且螺钉突出端子孔的接线，以及非突出形式端子孔的接线。但可能对导线产生一定的拉应力，见图 5-3-1（a）。

（2）叉形端头适用于接线螺钉固定，且螺钉凹陷于端子孔的接线，见图 5-3-1（b）。

（3）插鞘式母端头适用于接线端子为插片或两针式插入端子，见图 5-3-1（c）。

（4）片形端头接线端子插入孔小，且接线端子为扳压式接线的端子，见图 5-3-1（d）。

（5）针形端头适用于接线端子插入孔为圆形，或非圆形插入口但接线端子压板为碗形的接线端子，见图 5-3-1（e）。

（6）特殊端头如触针等，按产品或接线端子配置要求。

3. 端头压接工艺

（1）端子的接线均应采用冷压接端头。

（2）将选好的冷压端头套入剥去绝缘层且套好线号管的导线中，要求线芯应全部插入端头，距离端头 0～1.5mm。

（3）冷压接端头的规格必须与介入的导线直径匹配。

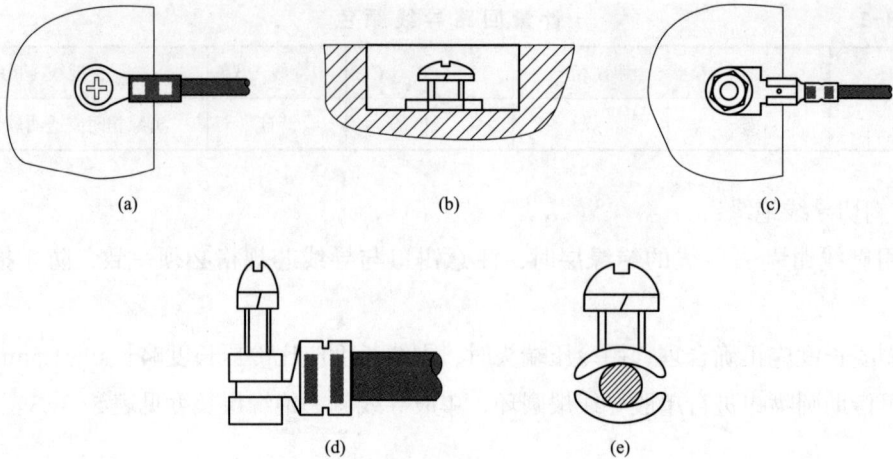

图 5-3-1 不同形式的端头

（a）圆形端头；（b）叉形端头；（c）插鞘式母端头；（d）片形端头；（e）针形端头

（4）通常不允许两根导线接入一个冷压接端头，因接线端子限制必须采用时，宜先采用两根导线压接的专用端头，否则宜选用大一级或大二级的冷压端头。

（5）预绝缘端头压接后，绝缘部分不能出现破损或开裂等情况。

（6）导线线芯插入冷压接端头后，不能有未插入的线芯或线芯露出端子管外部及绞线的现象，更不能剪断线芯；芯线不得损伤超过 5%。

（7）端头压接处的压印应与冷压端头的中心线对称；压印深度适中，压接可靠，不得压破冷压端头或使之变形；压接后导电接触面平整、光洁。

（三）线号管制作

（1）根据导线的线径选取适当规格的套线号管，按照二次接线图的设计要求用线号打印机打出线号，线号要求清晰、耐久，不可自行书写，涂改。

（2）线号管上应标明导线编号、端子号、芯线号和电气回路号。线号管正面打印电缆编号，并有端子号和芯线号。

（3）同一批产品的线号管截取长度应一致，线号管规定长度为 25mm。线号管打印时应注意两端的对称性，打印的字体大小应适宜，字迹清晰，线号管示范如图 5-3-2 所示。线号管在打印时要严格按照图纸，不得随意更改或增删字符，包括空格也不得省略。

（4）芯线上线号管的套入方向，应根据端子排安装的方向确定，当端子排垂直安装时，线号管上编号（字）应自左向右水平排列；当端子排水平安装时，线号管上编号（字）应自上而下排列，如图 5-3-3 所示。

（5）在安装完线路后，应将线号管的线号标记朝向接线的正视面。并将线号管与导线端头的绝缘层平齐。

图 5-3-2 线号管示范

图 5-3-3 线号套编号示范

三、二次配线连接工艺及质量要求

（一）二次配线及连接工艺

1. 工作前的准备

（1）看清接线图上的注意事项、备注说明及元器件、材料、操作等有无特殊要求。

按图样要求，备齐全部电器元件，检查其型号规格等是否相符，并保管好合格证。

（2）备齐所需的材料及所需的工具。

1）材料：根据配线量，准备足够使用的 $\phi1.0mm$～$\phi4.0mm$ 的单芯铜硬导线和多股软导线；准备足够使用的各型规格线束卡或塑料线槽；根据使用的线径，准备相应的线号套管、压线端头、打印机等。

2）工具：各规格的十字螺丝刀、一字螺丝刀、斜口钳、圆嘴钳、剥线钳、钢丝钳、电烙铁、焊锡等。

（二）工艺流程

二次配线工艺流程图见图 5-3-4。

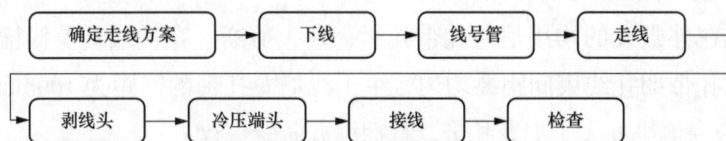

```
确定走线方案 → 下线 → 线号管 → 走线
                                      ↓
剥线头 → 冷压端头 → 接线 → 检查
```

图 5-3-4 二次配线工艺流程图

（三）工艺过程及要求

1. 确定布线方案

二次配线工序负责人应同二次配线人员根据柜体设计图纸（如盘面布置图、端子布置图）及元器件、端子排位置确定合理的走线方案。

2. 下线

下线数量和长度的决定：根据原理图或安装图计算出需要放线的根数。从端子排开始，用钢卷尺测量出沿线段束至电气元件接线端子的距离，将该距离分成若干段并留有适当余量逐一下完，一般留有导线余量为 200～300mm。

129

3. 线号管

为了保证接线正确，在每根导线的两端穿上相同号码的线号管后，在导线两端各打一个卷，以防线号管脱落。也可以一个人下线，一人穿线号管。这种方法省时、快捷，可避免出错。

4. 布线（走线）

布线工艺是整个安装配线工作中比较重要的一环，是整个配线工艺的主体框架，因此要认真考虑主线段束和分线段束的走向。主线段束和分线段束可采用悬空或紧贴柜（盘、台）壁的形式敷设，采用贴壁式敷设方法比较妥当。只有满足横平竖直的要求，展现出来的只能有"横、竖"两种线条，才能保证整个配线工艺的美观、整齐，同时还须使下步接线工作方便和快捷。

（1）将线束理成圆形，导线之间应平行，不得互相缠绕，并根据分路顺序将应分路的线束放在分路方向的内侧。

（2）根据布线方案，导线需要弯曲转换方向时，应用手指进行弯曲，不得用尖嘴钳或其他锋利工具弯曲，以免导线绝缘层受到损伤。

（3）导线弯曲半径（内径）应大于导线或线束外径的2倍。一台开关设备内的导线弯曲半径应基本一致。

（4）对于标称截面积为$1.5mm^2$的导线束，导线数量一般不超过30根。

（5）线槽走线法，根据电气元件安装分布情况，安装的主线槽和分支线槽与电子元件之间的距离要适当，特别要注意分支线槽与元件间的距离。距离过近，节线空间窄小，造型不大方；距离过远，接线单调，整体美感差。走线时，打开线槽盖，将绑扎好的线段束放入线槽内，导线从相应的线槽侧边的穿线孔中引出。

（6）线束凡在外敷设的均用尼龙扎带扎紧，余头剪断。在护线套及线槽内的线束可用胶带缠紧。尼龙扎带捆扎线束间距要均匀，主干线尼龙扎带的间距为100mm，分支线束为60mm，转角处应一侧绑扎一个尼龙扎带，且捆绑方向应一致。

（7）过门和可动线束必须采用多股铜芯绝缘导线，敷设长度应有适当裕度。过门线应保证在门打开不小于100°时，线束既不过度拉紧又不影响关门；过门和可动线束必须外套弯曲性能、耐磨性能良好的波纹管，两端用绝缘线夹紧固在门和柜体的线架上，不得用捆扎带捆扎固定；当线束太粗不能正常弯曲时可分为两股敷设。

（8）线束不得紧贴金属表面敷设，应距离3~5mm。导线敷设若遇结构件边沿时，则应弯曲越过，中间保持3~5mm的距离。导线穿越金属板孔时，为了防止导线绝缘层被磨损，可在孔上加装光滑的绝缘衬套。

（9）从线束分向电器元件的单线，分线时应向走线反方向打一圆弧（半径$R8$~$R10$）并保持弧度一致。

（10）线束与端子排应保持约50mm的距离，使分线后的导线既能保持约$R10$的弧度，

又不至于直线部分过长。

（11）线束原则上不应在发热元件上方敷设。若线束必须在其上方敷设，则线束与元件间应有 70mm 以上的距离；若在其下方或左右方敷设时，线束与元件间应有 30mm 以上的距离。

（12）同一批开关设备的线束走向应尽可能一致。

5. 接线工艺

（1）将导线接到元器件接线端子上时，应根据选用的导线和接线端子的不同采用相应的连接方式，以保证接触良好、可靠（无松动）。

（2）单股线与元器件连接用螺钉和平垫圈紧固时，其连接部分必须用圆嘴钳弯成羊眼圈，弯曲方向应与压紧螺母拧紧方向一致，即顺时针方向。其内径应比紧固螺钉的内径大 0.5～1mm，圆环末端距导线绝缘应有 1～2mm 的距离，保证装入接点时垫圈不压住导线绝缘皮。

（3）单股线与元器件连接用螺钉和瓦形垫圈紧固时可直接压接，在压接两根导线时线径应一致。

（4）多股线与元器件连接必须使用冷压端头。

（5）接好线后的导线从正面方向看，不得有导体裸露（无裸露）。

（6）二次接线接至电阻上时，需用电烙铁把接头焊牢，接头处不应有松动现象。

（7）两个电器元件之间的导线不应有中间接头或焊接点，导线绝缘应良好，芯线应无损伤。

（8）每一接线端子宜为一根导线连接，不得多于两根导线连接。对于插接式端子，不同截面积的两根导线不得接在同一个端子上；对于螺栓连接端子，当接两根导线时，中间应加铜质平垫片。

（9）导线端头固定时，端头压印处须面向操作者，沿螺钉轴线方向应看不见端头插入部分。

（10）柜内端子排配线时，不得左右侧（端子纵向排列）随意互换。

（四）接地要求

柜体、门及主回路元件金属框架应可靠接地，要求采用截面积不小 4mm^2 的黄绿双色导线接地。

柜内的二次元件外壳有接地要求的也必须接地。

（五）汇控柜内行线槽、端子排及元件的安装

1. 线槽及导轨的下料

（1）柜内安装端子排用的线槽常用长度为 1500mm，导轨长度为 1500mm。

（2）对于特殊规格尺寸的汇控柜，或者用户对端子有特殊要求时，线槽与导轨的长度要根据实际情况进行确定。

（3）线槽与导轨需要截断时，要求截断面平滑整齐，不得留有尖角毛刺或发生偏斜。线槽不得有断齿及扭曲现象。

2. 线槽安装

（1）行线槽安装时要求横平竖直，牢固，不得发生松动、偏斜。行线槽不得有因受应力而弯曲、扭曲及其他形式的变形。

（2）行线槽盖板与行线槽应配合紧密，不得有松动、脱落。

3. 端子排安装

（1）端子排的始端必须装有可标出单元名称的标记端子，端子排两端须安装端子终端，相邻的端子间有连接片时必须用隔板隔开。

（2）每一安装单位的端子排的端子都要有顺序标号，字迹必须端正清楚。

（3）端子排由于空间的限制安装困难时，可分两排或多排进行安装。

（4）每只端子接线螺钉只允许接一根导线，连接端子要用连接片，不接导线的螺钉也必须拧紧。线束不得使所接的端子排受到机械应力。

4. 元件安装

（1）导线接入元件接头上，用元件上原有螺钉拧紧，应加弹簧垫圈，螺钉必须拧紧（除特殊垫圈可不加弹簧外），不得有滑牙，螺钉帽不得有损伤现象，螺钉尾部应露出螺母 2～5 牙。

（2）所有元件不接线的端子都需配齐螺钉、螺母、垫圈并拧紧。

（3）元件标号的字体应端正，字迹应清晰，内容符合图纸要求：粘贴部位应醒目，不应将导线或元器件、金属构件挡住，并能清楚地指明属于某一元件。

（六）质量检查

布线应符合图样规定，接线正确，布置合理，整齐美观。导线截面积选择应符合要求，导线绝缘良好，无损伤。

导线端头应符合工艺要求，导线芯线无损伤，裸露部分小于 0.5mm，也不得将绝缘皮压入端头内。

导线端部均应有标回路编号的套管，标字应清晰正确，不易脱色，管头应整齐且无反套。

用于连接可移动部分的线束，敷设长度应有适当裕度，线束应有塑料管或缠绕管等保护措施，并在可动部分有固定装置。

导线在布线时应排列整齐，避免交叉，横平竖直，层次分明，线束定位满足横向距离 300mm，纵向距离 400mm 的规定，且线束不得晃动。

导线与元器件间采用螺栓连接、插接、焊接或压接等均应牢固可靠，元器件上不接线的端子螺栓也应拧紧。

导线穿越金属板应有防护措施。

元器件标签应字迹清晰，粘贴牢固，不易脱色。

按图样对线检查二次回路接线是否正确。

接地线安装是否正确可靠。

查看柜内是否清洁，配线操作的残余物（如线头，扎带，线鼻子等）是否已彻底清理。

第四节　透平油取样化验与滤油

透平油的取样、检验和注入机组中循环，均应按标准方法和程序进行，特别需要有经验的和技术水平较高的工作人员进行操作。同时应对全过程的微小细节严加注意，以保证数据的真实性和可靠性。运行中透平油除定期进行较全面的检测以外，平时必须注意有关项目的监督检测，以便随时了解透平油的运行情况，如发现问题应采取相应措施，保证机组安全运行。

一、透平油取样前的危险点分析及预控措施

（1）采样前工作负责人应组织工作班成员学习取油样措施，并向工作班成员指明工作范围及周围带电设备。

（2）工作班成员进入工作现场应服从命令指挥，不准在现场打闹，不准超越遮栏进入运行设备区。

（3）工作人员在试验过程中应有监护人监护，集中精力，不得与他人闲谈，在变换取样设备间隔时应看清带电间隔。

（4）与带电设备保持足够的安全距离。

（5）在高处作业时应系安全带，防止高空坠落；在取周期油时应由运行值班人员或电机班、水机班操作，油务人员做配合取样工作，并注意不碰与取油不相关的设备部位。

（6）取完样后要关好取样阀，不得跑油、漏油，并做好工作地点的清洁。

二、透平油取样

当从贮油桶或运行设备内取样时，正确的取样技术和样品保存很重要。

（一）取样工具

1. 常规分析用取样瓶

取样瓶一般为 500～1000mL 的磨口具塞玻璃瓶，并应符合下述要求：取样瓶应先用洗涤剂进行充分清洗，再用自来水冲洗，然后用去离子水（或蒸馏水）冲洗干净，放于 105℃ 烘箱中干燥冷却后，盖紧瓶塞，备用。取样瓶应能满足存放的要求。如无盖容器或无色透明玻璃容器是不适于贮存的。应用磨口具塞的棕色玻璃瓶。取样瓶应足够大，一般 1000mL 是足够用的。对于新油验收或进口油样，一般应取双份以上的样品，除试验所需的用量以外，应保留存放一份以上的样品，以备复核或仲裁用。

2. 桶内取样用的取样管

油桶取样用的取样管如图 5-4-1。

3. 油罐或油槽车取样用的取样勺

油罐或油槽车取样用的取样勺及取样勺实物图如图 5-4-2 及图 5-4-3 所示。

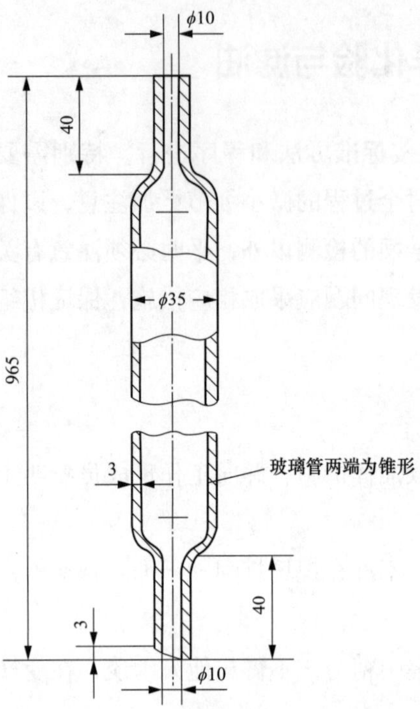

图 5-4-1　油桶取样用的取样管

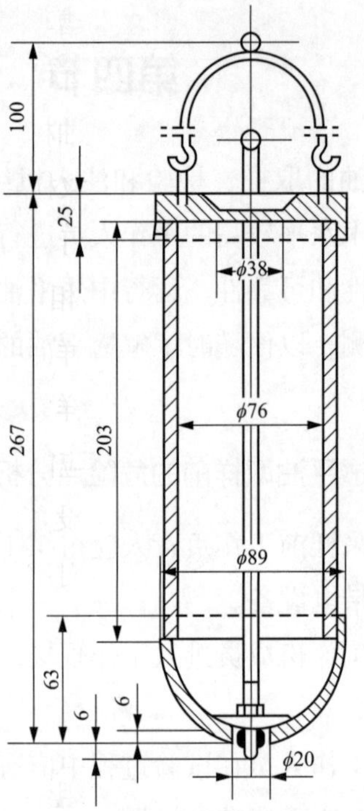

图 5-4-2　取样勺

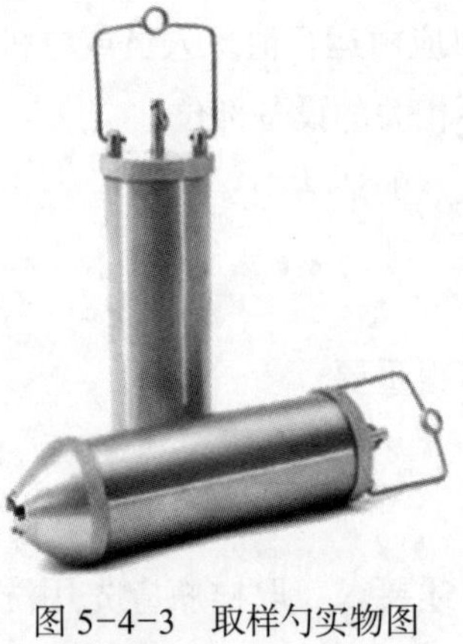

玻璃管两端为锥形

图 5-4-3　取样勺实物图

（二）取样方法和取样部位

1. 油桶中取样

油桶中取样时，试油应从污染最严重的底部取样，必要时可抽查上部油样。开启桶盖前需用干净甲级棉纱或布将桶盖外部擦净，然后用清洁、干燥的取样管取样。从整批油桶内取样时，取样的桶数应能足够代表该批油的质量，整批油桶内取样见表 5-4-1。

每次试验应按上表规定取数个单一油样，并再用它们均匀混合成一个混合油样。

表 5-4-1　　　　　　　　　　　整 批 油 桶 内 取 样

总油桶数	1	2～5	6～20	21～50	51～100	101～200	201～400	>401
取样桶数	1	2	3	4	7	10	15	20

单一油样就是从某个容器底部取的油样。混合油样就是取有代表性的数个容器底部的油样再混合均匀的油样。

2. 油罐或槽车中取样

从油罐或槽车中取样前，应排去取样工具内存油，然后取样。对油槽车应进一步从下部阀门处进行取样。因为留在油槽车底部的阀门导管上的黏附物可能使油品部分的污染，特别是装过不同油品的油槽车，更有可能出现上述的污染，必要时抽检上部油样。

用外接软管抽吸取样或从油槽车底部阀门导管处取样，应在取样前将这些软接管或导管用清洁油冲洗后才能进行正式取样，同时取样时应维持一定的流速。

如果分析试验不是马上进行，所取的油样应避光放置在阴凉通风的地方。

3. 汽轮机（或水轮机、调相机、大型汽动给水泵）油系统中取样

正常监督试验由冷油器取样。检查油的脏污及水分时，自油箱底部取样。在发现不正常情况时，需从不同的位置上取样，以跟踪污染物的来源和寻找其他原因。如果需要时，从管线中取样，则要求管线中的油应能自由流动而不是停滞不动，避免取到死角地方的油。

在取样时应严格遵守用油设备的现场安全规程。基建或进口设备的油样除一部分进行试验外，另一部分尚应保存适当时间，以备考查。对有特殊要求的项目，应按试验方法要求进行取样。

（三）标记

每个样品应有正确的标记，一般取样前应将印好的标签粘贴于取样容器上。标签至少应包括下述内容：单位名称、机组编号、机组容量、透平油牌号、取样部位、取样日期、取样人签名。取样完后，应及时按标签内容要求逐一填写清楚。

（四）油样的运输和保存

对油样应尽快进行分析，做油中水分含量的油样不得超过10天。油样在运输中应尽量避免剧烈震动，防止容器破碎，尽可能避免空运。油样运输和保存期间，必须避光。

三、透平油化验

（一）新油的评定

透平油的取样、检验和注入机组中循环，均应按标准方法和程序进行，同时应对全过程的微小细节严加注意，以保证数据的真实性和可靠性。

1. 新油交货时的验收

在新油到货时，应对接受的油样进行监督，以防止出现差错，或交货时带入污染物。所有的样品应在注入时进行外观检验。

2. 新油注入设备后的试验程序

当油装入设备后进行系统冲洗时，应连续循环，对系统内各部件进行充分清洗，以除去因安装、管道除锈过程中所遗留的污染物和固体杂质。直到取样分析各项指标与新油无差异，特别是对大机组清洁度有要求的，必须经检查清洁度达到要求时，才能停止油系统的连续过滤循环。

新油注入设备经过24h循环后，从设备中采取4L油样供检验和保存用。

（二）运行中透平油的检验

运行中透平油除定期进行较全面的检测以外，平时必须注意有关项目的监督检测，以便随时了解透平油的运行情况，如发现问题应采取相应措施，保证机组安全运行。

1. 运行中的日常监督

现场检验包括以下性能的测定：外观目测无可见的固体杂质；水分（定性）目测无可见的游离水或乳化水；颜色不是突然变得太深。

以上项目和运行油温、油箱油面高度均可由汽轮机操作人员或油化人员观察、记录。

2. 试验室检验

试验室检验，大多数试验可在电厂化验室进行，某些特殊试验项目需经过认可的试验室承担，如颗粒度试验等。运行油的检验间隔时间取决于设备的型式、用途、功率、结构和运行条件及气候条件。检验周期的确定主要考虑安全可靠性和经济性之间的必要平衡。正常的检验周期是基于保证机组安全运行而确定的，但对于机组检修后有补油、换油以后的试验，则应另行增加检验次数；如果试验结果指出油已变坏或接近它的运行寿命终点时，则检验次数应增加。运行中透平油的质量指标主要有运动粘度、闪点、洁净度、酸值、锈蚀试验、破乳化度、水分、泡沫特性试验、旋转氧弹值、空气释放值等。电厂用运行中汽轮机油质量标准见表5-4-2。

表5-4-2 电厂用运行中汽轮机油质量标准（GB 7596《电厂运行中矿物涡轮机油质量》）

序号	项目	要求	试验方法及说明
1	外观	透明、无杂质或悬浮物	按 DL/T 429.1《电力用油透明度测定法》执行
2	色度	≤5.5	按 GB/T 6540《石油产品颜色测定法》进行试验
3	运动粘度（40℃）（mm²/s）	不超过新油测定值 ±5%	按 GB 265《石油产品运动粘度测定法和动力粘度计算法》进行试验
4	闪点（开口）（℃）	≥180℃，且比前次测定值不低10℃	按 GB 267《石油产品闪点与燃点测定法（开口杯法）》进行试验
5	洁净度（级）	≤8	按 DL/T 432《电力用油中颗粒度测定方法》进行试验
6	酸值（mgKOH/g）	≤0.3	按 GB/T 264《石油产品酸值测定法》进行试验
7	破乳化度（54℃）（min）	≤30	按 GB/T 7605《运行中汽轮机油破乳化度测定法》进行试验
8	液相锈蚀	无锈	按 GB/T 11143《加抑制剂矿物油在水存在下防锈性能试验法》进行试验

续表

序号	项目	要求	试验方法及说明
9	抗氧化剂含量	不低于新油原始测定值的 25%	按 ASTM D6971《用线性扫描伏安法测量无锌涡轮机油中受阻酚和芳香胺抗氧化剂含量的标准试验方法》进行试验
10	旋转氧弹值（150℃）（min）	不低于新油原始测定值的 25%，且汽轮机用油、水轮机用油大于等于 100	按 NB/SH/T 0913《轻质白油》进行试验
11	水分（mg/L）	≤100	按 GB/T 7600《运行中变压器油和汽轮机油水分含量测定法（库仑法）》进行试验

四、滤油机的使用

采用物理方法净化油的目的主要是除去油中轻度劣化产物和外界机械杂质、水分，如胶质状物质、游离碳、水分、尘土等。用这种方法是在不影响油的化学组成的基础上进行的。及时地采用这种简单的方法，可以保证新油和运行中油的质量，保持油纯净状态和使用性能，不使其变坏，进一步减缓油质劣化条件，从而延长油的使用时间。

（一）物理法净化油的三种方法及其原理

（1）过滤法：在压力的作用下，使油通过一种具有很多毛细微孔的过滤材料，即滤油纸将油内水分及杂质吸收及滤出。

（2）离心分离法：利用离心机迅速转动时所产生的离心力，在离心力的作用下，油中比较大的水分、机械混杂物等，便沿着旋转中心向边缘方向加速沉降，使之与油分离开来。

（3）真空滤油法：是对于水的饱和温度低于同一压力下绝缘油的饱和温度的油，利用真空蒸馏的原理，将高于油中水分饱和温度的油在真空作用下成为薄膜雾状，使水分在低温条件下能充分蒸发而被分离出来，但此时温度又不高于油的饱和温度，所以油并不蒸发，仍以液体状态流向下部而被抽出，一般控制温度为 40～60℃。

（二）三种滤油方式优、缺点的比较

（1）板框滤油机：适用于含水量不多和杂质较多、粘度较大的油，操作比较简单，但由于滤油纸的吸水量有限，不适合过滤含水量较多的油，特别是在夏季对油中的微量水分不易滤出，提高绝缘油的绝缘强度效果较差。

（2）离心滤油机：适用于含大量水分或杂质的油，但不能将油中的微量水分及微粒杂质彻底分离出来。

（3）真空滤油机：此设备不受天气及气温条件的影响，能分离出来油中的微量水分，对提高绝缘油的绝缘强度有明显的效果，该设备不耗油，不需要用滤油纸，比较经济，对滤出油中杂质效果较差。

（三）板框滤油机

板框滤油机系统见图 5-4-4。

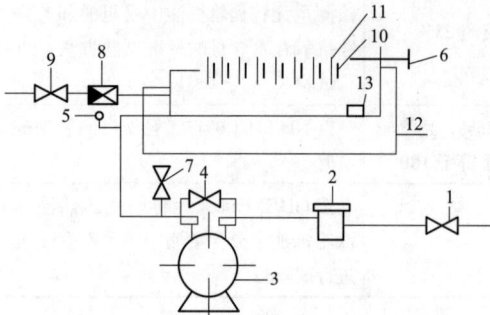

图 5-4-4　板框滤油机系统图

1—进油阀门；2—滤过网；3—油泵；4—安全阀；
5—压力表；6—手轮；7—取样阀；8—止回阀；
9—出口阀；10—滤板；11—滤框；
12—油箱；13—浮子

1. 板框滤油机的使用操作程序

（1）检查滤油纸是否需要更换，滤纸板是否压紧。

（2）启动前应将油通过的阀门打开，并仔细检查系统阀门开或关位置是否正确及油罐油位后，方可启动滤油机。

（3）启动滤油机后，缓慢开启进口阀门调节滤油机压力，观察滤油机压力，一般不超过 0.3MPa，如超过此压力说明滤油机内部油管路及注油管路有阻力，应停机检查排除。

（4）观察滤油板间有无喷油现象，压力是否正常。

（5）滤油机停止运行时，先关闭进油阀门，放掉油箱内的油，然后停机关闭出口阀门。

2. 换滤油纸的程序

先将油箱内油尽量排空，确保所有滤板、滤框位置正确。换纸时，滤纸孔应对好，防止倒置滤板。换完纸后，转动丝扣，将滤纸压紧至双手搬不动为止。

3. 板框滤油机检修与维护

需有经验的人检修滤油机。油泵分解与结合须用铜锤或铜棒锤击，不得用手锤或其他硬质金属锤击，分解时做好标记。油泵检修完毕齿轮转动正常，各部盘根密封严密。油泵与电动机组装后，用手搬动靠背轮使其转动灵活轻便。油泵的轴封压紧程序一般每分钟渗漏油不超过一滴。

应经常清扫滤油箱、滤框、滤网的油泥、杂质等。滤油机在连续运行时电动机温度不超过 75℃，应经常检查油泵及各部温度，各部出现渗漏油时应及时处理。一般正常情况下，滤油机油泵 3～5 年大修一次。

4. 滤油纸的干燥和更换

新领来的滤油纸，使用前应在 80℃下干燥 4h。根据油的好坏程度来随时更换滤油纸的次数，提高滤油效率。

（四）真空滤油机

1. 主要结构及功能

真空滤油机由真空分离罐、粗滤油器、精滤油器、加热器、真空泵、一级增压泵、二级增压泵、排油泵、防喷器、操作电气柜组成。真空滤油机结构图如图 5-4-5。

（1）粗滤油器：可以除去粗杂质，避免滤油机各流通管道阻塞，减少油泵磨损。

（2）精滤油器：可使油液达到较高精度。

（3）加热器：置于卧式真空罐上，大幅度降低了滤油机的重量和体积，它的水平放置是很重要的，即使在不太高的真空下，也能除掉大量水分。

（4）防喷器：喷油是一般真空滤油机常有的故障，本机防喷器将油沫分离成油和气体，油回流到油泵，气体经真空泵排除，防止了油沫进入真空泵后出现的喷油现象。

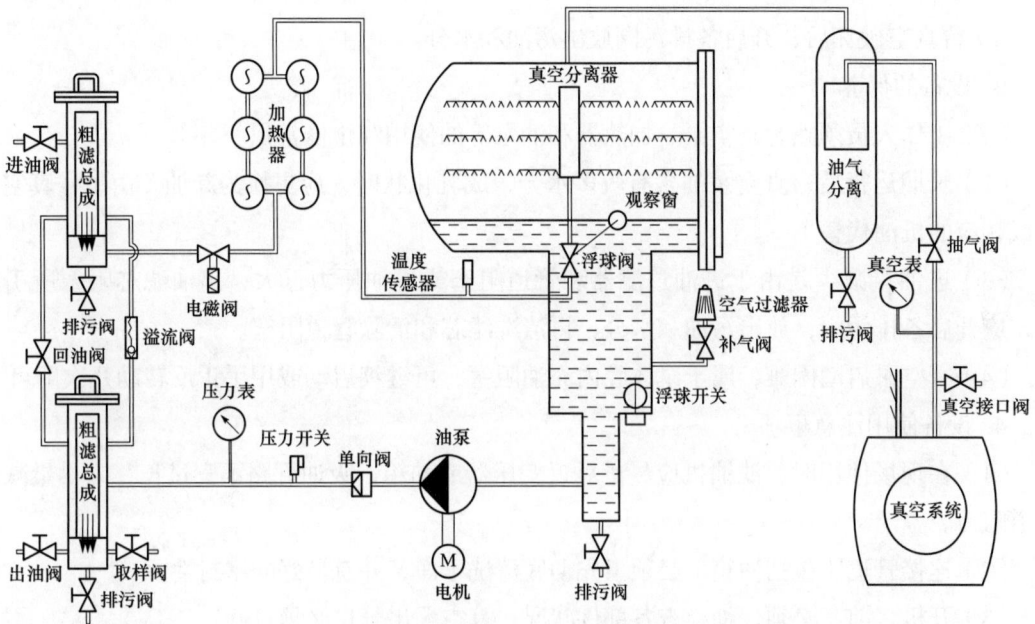

图 5-4-5　真空滤油机结构图

2. 使用操作规程

（1）准备操作：

1）将机器安置在平稳的地方，接好进出油管，其他阀门处于完好的关闭状态。

2）按所需功率接好设备电源，中性线与相线一样要接触良好，机体必须可靠接地。

3）启动真空泵，检查真空泵油位，使其处在正常位置。

4）放掉待处理油的运行油箱底部水分，可以开启进油阀，从粗滤器底部排污阀放出明水。

（2）开机：

1）启动真空泵，待达到所需真空值，打开进油阀，待油液吸入分离罐到中心油位时，打开出油阀，开启油泵输出油液。

2）开启温控仪开关，将温控仪预设到所需的温度上，然后启动加热器，保持自动加热。

3）运行时分离罐内泡沫过多和水分量过大，可调节补气阀开度，让设备在 -0.09MPa 真空度下运行。

4）长时间运行，应将真空泵油循环回路打开。

5）如果设备有再生功能，可以根据需要，打开再生阀门，对油进行再生。

（3）停机：

1）停机前 5min，关闭加热器。

2）关闭真空泵进气阀、回油阀，然后再停真空泵。

3）真空罐油液排尽后，停油泵。

4）待真空破坏后，开启各排污阀放出污油和水分。

3. 设备的保养

（1）工作人员须熟悉真空泵、加热器和油泵等的使用和维修常识。

（2）长期运行后，真空泵油含有较多水分，成乳化状时，应更换为新油（由 1 号真空泵油或相应的机油代替）。

（3）进油量减少是由于进油过滤器和管道阻塞或进油压力过大，出油滤芯阻塞所引起的，应开启各排污阀，放出污油和水分，再清洗滤芯和清除管道阻塞。

（4）真空泵启动困难，属于泵体腔内充油阻塞，可继续启动或用手正反转动几次即可。

4. 设备使用注意事项

（1）在现场使用时，滤油机应尽量靠近变压器或油箱，吸油管路不宜过长，应尽量减少管道阻力。

（2）连接管道（包括油箱）必须事先彻底清洗干净，并有良好的密封性。

（3）开机之前，必须仔细检查各部件状况，真空泵出气口必须打开。

（4）应严格按照操作程序执行。启动滤油机时，须待真空泵、油泵及加热器运行正常后，方可对油品进行净化处理。

（5）净化的油中含有大量机械杂质和游离水分，须事先排除底部水分和杂质，再用其他过滤设备（如离心式滤油机、压力式滤油机）充分滤除以达到真空滤油机要求的原油标准，之后再进入真空滤油机，以免影响滤油机使用寿命。

（6）在运行过程中，应严格监视滤油机的工作情况（如真空度、温度、压力等），还应定期检测油品处理前后的质量（击穿电压、含水量等），以监视滤油机的净化效果。

（7）在冬季作业时，应对管路、真空罐等部件采用保温措施，在变电站滤油时还必须同时遵守《电业安全工作规程》中的有关规定。

（8）设备每运行 240h 应检查的内容：电器控制系统是否安全、可靠；恒温控制器是否灵敏、可靠、准确；各泵轴封是否损坏、泄漏；各管路系统及密封处有无漏气、漏油现象；液位控制是否可靠；工作压力是否正常，如有异常，应立即排障。

（9）随时注意补加真空泵润滑油。油位应保持在油标线上。油更换应按照使用说明书中规定的标准进行。泵油累计工作时间超过 240h，应彻底更换；泵油乳化严重，应更换。

第五节　绝缘油取样化验

绝缘油是指适用于变压器、互感器、套管、断路器等充油电器设备中，起绝缘、冷却和灭弧作用的一类绝缘品。绝缘油的取样、检验均应按标准方法和程序进行，特别需要有经验的工作人员进行操作。同时应对全过程的微小细节严加注意，以保证数据的真实性和可靠性。运行中绝缘油除定期进行较全面的检测外，平时必须注意有关项目的监督检测，以便随时了解绝缘油的运行情况。如发现问题应采取相应措施，保证设备安全运行。

一、绝缘油取样前的危险点分析及预控措施

（1）采样前工作负责人应组织工作班人员学习取油样措施，并向工作班成员指明工作范围及周围带电设备。

（2）工作班成员进入工作现场应服从命令指挥，不准在现场打闹，不准超越遮栏进入运行设备区。

（3）工作人员在试验过程中应有监护人监护，集中精力，不得与他人闲谈，在变换取样设备间隔时应看清带电间隔。

（4）与带电设备保持足够的安全距离。

（5）在高处作业时应系安全带，防止高空坠落；在取周期油时应由运行值班人员或电机班、水机班班操作，油务人员做配合取样工作，并注意不碰与取油不相关的设备部位。

（6）取完样后要关好取样阀，不得跑油、漏油，并做好工作地点的清洁。

二、绝缘油取样

当从贮油桶或运行设备内取样时，正确的取样技术和样品保存是很重要的。

（一）取样部位

通常，变压器可用来取油样的部位有两处，一是下部取样阀，二是上部气体继电器的放气嘴。一般情况下，由于油流循环，油中气体的分布是均匀的，为安全计，应在下部取样，所取油样也有足够代表性。在确定取样部位时还应注意以下特殊情况。

（1）如遇故障严重、产气量大的情况时，可在上、下部同时取样，以了解故障的性质与发展情况。

（2）当需要考查变压器的辅助设备，如潜油泵、油流继电器等存在故障的可能性时，应设法在有怀疑的辅助设备油路上取样。

（3）当发现变压器底部有水或油样氢含量异常时，应设法在上部或其他部位取样。

（4）应避免在设备油循环不畅的死角处取样。

（5）应在设备运行中取样。若设备已停运或刚启动，应考虑油的对流可能不充分及故障气体的逸散或与油流交换过程不够而对测定与诊断结果带来的影响。

（二）取样容器

取样设备见图 5-5-1，理想的取样容器应满足下列要求：

（1）容器器壁不透气或吸附气体，最好是透明的，便于观察样品状况；器内无死角，不残存气泡。

（2）严密性好，取样时能完全隔绝空气，取样后不向外跑气或吸入空气。

（3）设计上能自由补偿由于油样随温度热胀冷缩造成的体积变化，使容器内不产生负压空腔而析出气泡。

（4）材质化学性质稳定且不易破损，便于保存和运输。

根据上述要求，国内外标准都推荐注射器为取样容器。使用注射器作采样容器时应注意：①一般选用容积为 100mL 的全玻璃注射器。②选用时应通过严密性检查。方法是用注射器取含氢油样，放置一周后，其含氢量损失不大于 5% 者合格。③使用前将注射器清洗干净并烘干，注射器芯塞应能自由滑动、无卡涩。④取样后应继续保持注射器清洁并注意防尘和防破损。

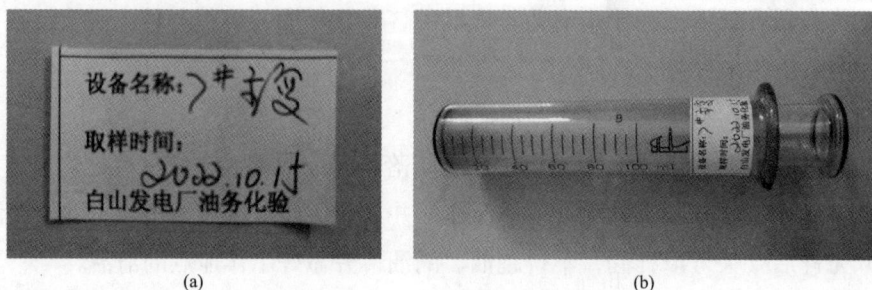

(a)   (b)

图 5-5-1　取样设备

（a）取样标签；（b）100mL 全玻璃注射器

（三）取样方法

（1）取样阀中的残存油应尽量排除，阀体周围污物擦拭干净。

（2）取样连接方式可靠，连接系统无漏油或漏气缺陷。

（3）取样前应设法将取样容器和连接系统中的空气排尽。

（4）取样过程中，油样应平缓流入容器，不产生冲击、飞溅或起泡沫。

（5）对密封设备在负压状态下取油样时，应防止负压进气。

（6）注射器取样时，操作过程中应特别注意保持注射器芯干净，防止卡涩。

（7）注意取样时的人身安全，特别是在带电设备和高处取样时。

（四）全密封取样操作要点

（1）在变压器取样阀门上装带有小咀的连接器，并在其小咀上接一段软管。然后在注射器口套上一金属小三通，接上软管与取样阀相连。

（2）取样时，先将"死油"经三通排掉，然后转动三通，使少量油进入注射器，再转动三通并压注射器芯，排除注射器内的空气和油。

（3）正式取油样时，再次转动三通使油样在静压力作用下自动进入注射器。

（4）待取到足够油样时，关闭三通和取样阀，取下注射器，用橡胶封帽封严注射器出口，最后贴上样品标签，做好记录。

取样过程示意图见图 5-5-2。

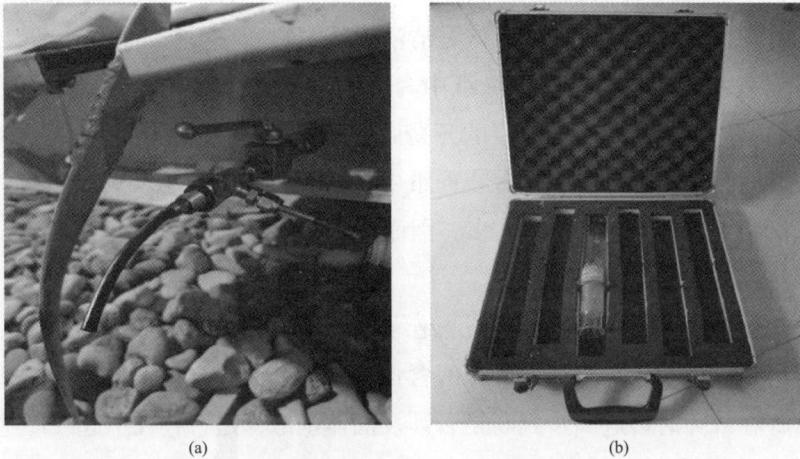

图 5-5-2　取样过程示意图

（a）变压器取油样阀；（b）取样箱

（五）取气样

取气样容器仍用密封良好的玻璃注射器。取样前应用设备本体油润湿注射器。取气样时，可在变压器气体继电器的放气嘴上套一小段乳胶管，参照取油样的方法，用气样冲洗取样系统后，再正式取出气样（注意不让油进入注射器），最后用橡胶封帽封严注射器出口。

三、样品的保存和运输

（1）应尽快分析油样和气样。油样保存期不得超过 4 天。

（2）油样和气样的保存都必须避光、防尘，确保注射器芯干净、不卡涩。

（3）运输过程中应尽量避免剧烈振动。空运时要避免气压变化。

四、绝缘油试验项目

对于运行油的试验，其关键是如何对各个项目的测试结果进行解释，从而对运行油的质量状况做出正确的判断和评价。

（1）击穿电压试验：可以判断油中是否存在自由水分、杂质和导电固形微粒，而不能判断油品是否存在酸性物质或油泥。

（2）酸值：酸值的上升是油初始劣化的标志，酸性物质的存在将不可避免地产生油泥。若油中同时存在水分的话，则可使铁生锈，同时对纸绝缘系统也是有害的。

（3）界面张力试验：该试验对反应油劣化产物和从固体绝缘材料中产生的可溶性极性杂质是相当灵敏的。油中氧化产物含量越大，则界面张力越小。若油中界面张力值在27～30mN/m 时，则表明油中已有油泥生成的趋势；若张力值达 18mN/m 以下，则表明油已老化严重，应予更换。

（4）介质损耗因数试验：该试验主要用于判断油是否脏污或劣化，它只能判定油中是否含有极性物质，而不能确定是何种极性物质。

（5）油的外观与颜色：良好的油应该是清洁而透明的。

（6）水分含量：水分在油中与绝缘纸中为一个平衡状态。油在不同温度下有不同的饱和水分溶解量，这一饱和溶解量随温度的升高而增大，因而在高温下绝缘纸中水分即进入油中；当油温下降时，油中水分有一部分将向纸中扩散，使油中的含水量下降。一般来说，运行温度越高，纸中水分向油中扩散得越多，因而使油中含水量增高。

（7）固体绝缘的化学监督：

1）油中糠醛含量：糠醛（$C_5H_4O_2$）是绝缘纸因降解而产生的最主要的特征液体分子，利用高效液相色谱分析技术测定油中的糠醛含量，可以结合气相色谱分析判断如下情况：已知变压器内部存在故障时可进一步判断是否涉及固体绝缘；是否存在引起线圈绝缘局部老化的低温过热现象；可对运行已久的设备的绝缘老化程度做出判断。油中糠醛含量随着变压器运行时间的增加而上升。

经过吸附处理的油，会不同程度地降低油中糠醛含量，因此在进行判断时一定要注意这一情况。

2）绝缘纸（板）聚合度：纸的聚合度的大小直接反映了绝缘的劣化程度。一般新的油浸纸的聚合度值约为 1000，但当运行后由于受到温度、水分、氧的作用，纤维素发生降解，当聚合度值达到 250 左右时，绝缘纸的机械强度可下降 50% 以上，此时如遇机械振动或其他冲击力，就可能造成损坏的严重后果。一般认为，如聚合度值达到 250 后，从各方面考虑，这种绝缘老化的变压器应尽早退出运行。

思 考 题

1. 简述螺栓紧固的操作规范。

2. 低压电机定期维护都需要检查电机的哪些部分（部件）？

3. 对带注油孔的低压电机进行润滑维护时，需要注意哪些问题？

4. 简述二次配线工艺流程。

5. 对于标称截面积为 $1.5mm^2$ 的导线束，导线数量一般不超过多少根？

6. 透平油的取样方法有哪些？

7. 绝缘油的取样方法有哪些？

参考文献

[1] 张宪，张大鹏. 电气制图与识图［M］. 北京：化学工业出版社，2013.

[2] 王越明，王朋. 电气二次回路识图［M］. 2 版. 北京：化学工业出版社，2015.

[3] 何利民，尹全英. 电气制图与读图［M］. 3 版. 北京：机械工业出版社，2012.

[4] 邵红硕. 电气识图与 CAD 制图［M］. 北京：机械工业出版社，2022.

[5] 贺鹏. 电工电路识图入门全图解［M］. 北京：中国铁道出版社，2019.

[6] 冯仁余，白丽娜. 机械制图与识图难点解析［M］. 北京：化学工业出版社，2016.

[7] 丁川，刘就女，潘鲁萍. 机械识图基础［M］. 广州：广东科技出版社，2005.

[8] 刘伏林. 机械制图|识图 1032 例［M］. 北京：化学工业出版社，2018.

[9] 人力资源和社会保障部教材办公室. 机械制图［M］. 北京：中国劳动社会保障出版社，2011.

[10] 李越冰. 图说电力工器具使用与管理［M］. 北京：中国电力出版社，2015.

[11] 杨力，杜印官. 全国电力职业教育规划教材：带电作业工器具的检查、使用和保管［M］. 北京：中国
电力出版社，2014.

[12] 国家电网公司安全质量检测部. 常用电力安全工器具标准化使用手册［M］. 北京：中国电力出版社，
2022.

[13] 国家电网有限公司. 国家电网有限公司技能人员专业培训教材　水轮机检修［M］. 北京：中国电力出
版社，2020.

[14] 张诚，陈国庆. 水电厂检修技术丛书水电厂辅助设备及公用系统检修［M］. 北京：中国电力出版社，
2011.

[15] 机械工业职业教育研究中心组. 管道工必备技能［M］. 北京：机械工业出版社，2014.

[16] 徐廷国，马洪光. 管阀与维修［M］. 北京：化学工业出版社，2018.

[17] 电力行业电厂化学标准化技术委员会. 电力用油、气质量、试验方法及监督管理标准汇编［M］. 北
京：中国电力出版社，2001.

[18] 国家电网有限公司. 国家电网有限公司技能人员专业培训教材　电气试验/化验（下册）［M］. 北京：
中国电力出版社，2020.